LA CULTURE DES ABEILLES

LA CULTURE
DES ABEILLES

Mise, avec ses principes et tous ses perfectionnements,

A LA PORTÉE DES HABITANTS DES CAMPAGNES

PAR LE MOYEN

D'UNE NOUVELLE RUCHE EN PAILLE

A divisions perpendiculaires

CETTE RUCHE, LA PLUS ÉCONOMIQUE ET LA PLUS PARFAITE,
RENFERME TOUTES LES QUALITÉS VOULUES PAR LES MEILLEURS MAÎTRES
EN APICULTURE
POUR FAIRE PROSPÉRER LES ABEILLES, POUR FORTIFIER LEUR POPULATION,
CONDITION ESSENTIELLE D'UNE BONNE RÉUSSITE ;
POUR PRENDRE LEUR MIEL SANS LES FAIRE PÉRIR,
ET OBTENIR LE PLUS BEAU MIEL POSSIBLE POUR CHAQUE LOCALITÉ ;
POUR RENOUVELER FACILEMENT LES RAYONS DE SES RUCHES ;
POUR FAIRE, AVEC LA PLUS GRANDE FACILITÉ, DES ESSAIMS ARTIFICIELS
QUAND CELA EST NÉCESSAIRE ;
POUR RÉUNIR LES RUCHES FAIBLES, AFIN D'EN COMPOSER DE FORTES,
ET PRÉSERVER SES ABEILLES DE LA MORTALITÉ ; ETC.

PAR L'ABBÉ BOUGUET

LYON

GIRARD ET JOSSERAND, IMPRIMEURS-LIBRAIRES

Place Bellecour, 30

1864

AUX HABITANTS DES CAMPAGNES.

Vous que la divine Providence a placés au sein des campagnes, bons habitants des granges et des hameaux, toutes les années vous voyez reparaître avec bonheur ces innombrables et charmantes fleurs dont se parent vos arbres, vos champs, vos prairies, vos collines et vos bois. Le bon Dieu, qui vous aime tant, a déposé dans le calice de ces fleurs un miel délicieux. L'aimable ouvrière chargée de le recueillir, c'est l'abeille. Considérez son activité infatigable ; elle ne travaille pas seulement pour elle, mais encore pour vous. Procurez-lui une demeure saine, donnez-lui quelques soins, et vous en serez bien récompensés. N'avez-vous pas besoin de miel en mille circonstances : pour les rhumes d'hiver, pour vos enfants, pour les maladies de vos bestiaux ? Ne peut-il pas remplacer le sucre qui est si cher pour vous ? N'est-ce pas d'ailleurs un petit revenu qui vous ferait bien plaisir ?

Un jour, en herborisant, j'arrivai près d'une grange où il y avait des abeilles. Pendant que je les considère, le bon propriétaire arrive et me dit : « Ah ! monsieur, que vous me feriez plaisir, si vous pouviez me donner des moyens pour bien soigner mes abeilles ! J'en aurais un grand besoin pour m'aider à payer mes fermes. J'ai une de mes ruches qui est toute remplie de vers... » Il l'avait soulevée ; les rayons s'en étaient détachés, et le miel coulait. Je lui dis de venir chez moi, que je lui apprendrais à faire des ruches et à soigner ses abeilles. Aussitôt, avec ce bon cœur qui distingue les habitants de nos campagnes, il m'offrit de m'apporter, en reconnaissance, de la crême, du beurre, etc. Cultivez donc les abeilles pour augmenter vos modiques revenus et vous procurer un peu plus d'aisance.

« Je n'hésite pas, dit M. Frarière, à conseiller aux personnes qui ont la jouissance d'un jardin, ou même d'une cour, d'une terrasse, d'un grenier, d'y établir une petite colonie d'abeilles ; car tous les lieux sont également propres à cet objet, lorsqu'on n'a pas l'intention d'en faire une spéculation en grand. Si aucun sentiment de curiosité ne les anime, si les merveilles de cet industrieux petit peuple ne les touche point, l'intérêt, ce guide ordinaire des actions des hommes, devrait être un motif suffisant pour suivre mon conseil. Soit près des villes, soit à la campagne, on peut espérer une récolte évaluée de vingt à cinquante francs par ruche, suivant l'abondance des fleurs (1). Or, quel est le petit propriétaire qui refuserait une augmentation de revenus acquise sans peine et sans inquiétude, ne fût-elle que de vingt francs ! »

« Ce genre de culture, ajoute Radouan, ne demande ni engrais, ni labeurs, ni semences ; c'est dans ce genre qu'il est exacte-

(1) Tous les livres sur l'apiculture exagèrent un peu le produit des abeilles et la valeur de certaines méthodes. Je n'aime pas ces exagérations, parce qu'elles ont un mauvais résultat. On est très-porté à demander aux abeilles plus qu'elles ne peuvent donner, et quand elles ne rendent pas ce qu'on s'était figuré, on se décourage, on les abandonne, et certains insensés vont même jusqu'à les détruire entièrement. La vérité est que ces précieux insectes dédommagent toujours abondamment l'homme des soins qu'il leur donne.

ment vrai de dire que l'on recueille sans semer. »

« Si nous avions, dit le savant naturaliste Réaumur, des campagnes couvertes de raisins, et que, faute d'ouvriers pour les cueillir, nous fussions forcés de laisser perdre cette abondante récolte, nous aurions raison de déplorer notre sort. Pendant l'été, nos campagnes sont couvertes de fleurs pleines de miel et de cire, et nous perdons ces revenus délicieux, faute d'avoir assez d'abeilles qui savent seules faire cette récolte. »

D'après les calculs faits par les meilleurs apiculteurs, une ruche rend au moins dix francs par an. Puisque les abeilles sont d'un si grand produit, pourquoi vous en occupez-vous si peu? — Nous comprenons tout ce que vous nous dites, me répondrez-vous, mais nous ne savons pas les soigner, et nous n'en avons pas le temps. — A cette difficulté, je vous réponds : Faites en sorte de vous en procurer. Si vous voyez passer un essaim qui n'a pas de maître, tâchez de l'arrêter ; s'il est arrêté, recueillez-le avec soin ; s'il entre dans le creux d'un arbre, vous pouvez le faire sortir par le moyen de la fumée. Si le hasard ne vous est pas favorable, achetez une bonne ruche ou un bon essaim. N'écoutez pas ce préjugé populaire que les abeilles achetées ne prospèrent pas, méprisez cette vaine superstition (1).

Vous ne savez pas les soigner ; rien n'est plus facile que d'apprendre. Lisez attentivement ce petit livre qui est écrit spécialement pour vous ; vous y apprendrez tout ce qui est nécessaire pour faire de bonnes ruches presque sans frais, pour avoir de bons essaims, ce qui est un point des plus importants, pour obtenir de bon miel ; car combien en est-il qui gâtent une abondante récolte de miel pour ne pas savoir prendre quelques précautions ?

Ne vous figurez pas que la culture des abeilles prenne beaucoup de temps et donne beaucoup d'embarras ; il n'est aucune espèce de culture qui en donne moins que celle-ci. Un arbre prend plus de place qu'une ruche et rend moins ; il faut plus de temps pour en recueillir les fruits que pour récolter une ruche, et il en est de même de toute autre culture.

Je n'ai négligé aucun conseil qui puisse vous être utile pour bien gouverner vos abeilles, pour en retirer beaucoup de profit avec

(1) Voyez l'entretien XXVe.

le moins de frais possible. Lisez donc attentivement ce petit livre. Ne vous rebutez pas si vous rencontrez quelques difficultés. Relisez, s'il le faut, plusieurs fois les mêmes lignes. Ne craignez pas de sacrifier la routine du pays ; bientôt vous en saurez assez pour soigner vous-mêmes vos ruches, qui seront pour vous, comme elles le sont pour moi, une véritable jouissance et un agréable délassement.

A MESSIEURS LES CURÉS DES CAMPAGNES.

« Messieurs (1),

« Le bien spirituel de vos paroissiens, dont vous êtes spécialement chargés devant Dieu, ne vous rend pas tellement distraits sur celui qui n'est que temporel, qu'on vous voie négliger l'un pour vous livrer uniquement à l'autre. Vous êtes trop souvent convaincus, dans l'exercice de votre ministère, que les vérités de la religion trouvent communément plus d'ouverture dans le cœur d'un infortuné, lorsqu'elles sont accompagnées d'aumônes proportionnées à ses besoins, que quand elles se présentent sans ce secours.

« Or, s'il est des aumônes de plusieurs sortes, c'en serait une, ce me semble, bien digne d'un pasteur qui porte ses paroissiens dans son cœur, que de s'instruire à fond de tout ce qui concerne les abeilles, dans le dessein de leur faire

(1) M. Lagrenée, avocat au parlement de Paris en 1770, a placé à la tête de son ouvrage sur l'art de conserver et de gouverner les abeilles une épître dédicatoire à MM. les curés des campagnes ; comme elle rend parfaitement ma pensée, je me suis permis d'en extraire la plus grande partie pour m'appuyer d'une si honorable autorité.

part des connaissances qu'il aurait acquises dans cette partie si lucrative, et d'encourager ceux qui auraient le moyen de se procurer de ces insectes à le faire selon leur pouvoir.

« A l'égard des familles indigentes mais honnêtes, quelle aumône ne serait-ce pas leur faire que de leur fournir le moyen d'avoir quelques ruches et d'y joindre les instruments nécessaires pour les bien gouverner!... Cette aumône aurait l'avantage que n'ont jamais celles qui ne sont que pécuniaires, de mettre ceux qui la recevraient en état de n'en plus avoir besoin par la suite.

« Permettez-moi donc, messieurs, de vous dédier ce petit ouvrage, et de vous solliciter avec empressement à vous le rendre familier, afin de pouvoir instruire par vous-mêmes ceux de vos paroissiens qui désireraient gouverner des abeilles et le faire avec fruit.

« Ceux d'entre vous, messieurs, dont les travaux spirituels, auxquels ils doivent sans contredit la préférence, seraient de nature à ne leur point laisser suffisamment de temps pour vaquer à cette bonne œuvre, pourraient au moins y employer le zèle des personnes aisées retirées dans leurs paroisses. Ces personnes s'y porteraient avec plaisir par le motif du bien public.

« Mais comme en cette matière, ainsi qu'en toutes celles qui sont rurales, la pratique est infiniment préférable à la théorie, et qu'il est constant qu'un simple coup-d'œil réfléchi porte plus de lumière dans l'esprit d'une personne que les discours les plus étudiés, il serait très-utile, comme je l'ai fait moi-même, d'opérer devant ceux que l'on veut instruire. Il est bien facile de faire venir quelques propriétaires quand on opère sur ses ruches ; ce sera une véritable joie pour eux de venir aider leur pasteur, tout en recevant ses utiles et agréables leçons.

« Si, comme j'ai lieu de l'attendre de votre zèle pour le bien temporel de vos ouailles, vous goûtez l'exhortation que j'ai l'honneur de vous adresser, messieurs, il n'y a pas de doute qu'on ne voie peu à peu naître une émulation très-désirable parmi les habitants des campagnes pour élever ces précieux insectes ; leur produit favorisera l'aisance de cette partie de la société la plus nombreuse et la plus dénuée de soulagement. »

Ces lignes s'adressent aussi aux maîtres d'école et à tous les amateurs qui peuvent beaucoup contribuer à propager la culture des abeilles. « Les personnes les mieux placées, dit M. Hamet, pour propager la culture des abeilles, sont le curé et l'instituteur. Non seulement ces deux hommes peuvent enseigner aux gens de la campagne à tirer parti de l'industrie des abeilles, mais l'un et l'autre ont des moments de loisir qu'ils peuvent utilement employer à soigner quelques ruches dans leur jardin. Cette occupation facile ou plutôt cette distraction attrayante leur procurera contentement et profit ; elle peut même, dans les localités qui ont beaucoup de fleurs, améliorer sensiblement leur position. En voici un exemple qui, pour n'être pas d'aujourd'hui, n'en est pas moins évident.

C'était en 1779. M. de Narbonne, nouvellement installé évêque d'Evreux, faisait sa première tournée pastorale, et arrivait à la cure de Nonancourt (Orne), où, après avoir visité l'église, il dîna au presbytère. A la grande surprise de l'évêque, on servit au dîner plusieurs mets relativement très-recherchés. Cette déférence dont on ne peut se défendre pour quiconque nous accorde l'hospitalité, même quand il est notre inférieur, empêcha l'évêque de témoigner son mécontentement de tant de profusion. Mais, voyant apparaître un dessert plus somptueux encore que le dîner, il n'y tint plus, et tout de bon irrité : « Vous avez donc perdu la tête ? dit-il à son curé. Vous mettre en si grands frais pour moi qui vous avais expressément recommandé de ne rien changer à votre ordinaire ! Je suis sûr que ce repas vous coûte le quart de votre revenu d'une année. — Je ne pouvais faire moins pour vous honorer, monseigneur, répondit le pasteur. D'ailleurs cela ne m'a pas coûté autant que vous le pensez. — Vous avez donc des ressources inconnues ? — J'en conviens, monseigneur, ce n'est pas sur ma portion congrue que je compte pour vivre. (Le revenu de sa paroisse était de trois cents livres.) Mes pauvres sont en tel nombre que je suis obligé de leur en laisser une bonne partie. Ce qui est indispensable à mon entretien m'est fourni par une *communauté de filles laborieuses*... — Comment? comment? interrompit l'évêque. Sachez que je n'aime pas que les ecclésiastiques fréquentent les couvents de femmes sans une nécessité absolue. » Après avoir réfléchi un instant et feuilleté ses notes, il ajouta : « Je ne connais pas encore tout mon diocèse, mais il est étrange que l'on m'ait laissé ignorer l'établissement dont vous me parlez. — Il est en effet en dehors de votre juridiction, monseigneur. Si vous voulez me le permettre, j'aurai l'honneur de vous conduire à ce monastère, qui est à dix pas d'ici, et il vous sera loisible de vous en assurer. La fréquentation que vous blâmez à juste titre, là du moins n'a pas d'inconvénients. »

Le prélat, dont la curiosité commençait à être excitée vivement, prit son hôte au mot, et, dès que le dîner est terminé, il se lève de table, suivi de l'ecclésiastique qui l'accompagnait dans sa tournée. Le curé traverse une petite cour, et on arrive à un enclos occupé par trois vastes ruchers artistement construits et contenant chacun une trentaine de ruches. « Nous sommes arrivés, monseigneur, dit le curé apiculteur à son évêque, qui était tout étonné et doutait s'il ne battrait pas en retraite à la vue de ces myriades d'insectes bourdonnants; voilà, dit-il en rassurant ses hôtes avec un geste expressif, voilà cette communauté de travailleuses que je vous ai signalées comme la source de mes revenus personnels. » M. de Narbonne ne revenait pas de son étonnement; comme tant d'autres, il n'avait pas la plus légère idée de toutes ces merveilles. Après avoir admiré ces industrieuses ouvrières, il félicita l'abbé Bienaimé (c'était le nom du digne pasteur) sur le fructueux emploi qu'il avait su donner à ses loisirs. Il ne lui échappa point qu'en introduisant dans cette contrée si pauvre une branche nouvelle d'industrie, Bienaimé assurait pour l'avenir le bien-être de la population. Tel fut le but que poursuivit l'abbé Bienaimé avec une louable persévérance, but qui ne fut pas étranger à sa nomination d'évêque au siége de Metz. (*Magasin pittoresque.*)

J'ajoute, messieurs, que les abeilles ne sont point une peine ni un embarras, mais bien une des plus innocentes et des plus agréables récréations. On peut dire des abeilles qu'il suffit de les connaître pour les aimer. Quand on les a cultivées pendant quelque temps, on s'y attache avec une sorte de passion ; on aime à les voir souvent, on s'intéresse à tout ce qui les intéresse, on jouit avec elles d'un beau jour, on regrette les jours de pluie qui les retiennent captives. Dans vos promenades de la belle saison, vos yeux ne peuvent se reposer sur les fleurs sans rencontrer vos aimables abeilles qui travaillent pour vous. Dans les conversations, vous ne vous lassez pas de parler de leur industrie, de leurs mœurs, et on ne se lasse pas de vous entendre. Quand vous avez vos amis autour de votre table, pouvez-vous leur présenter un dessert plus délicieux qu'un rayon de miel que vous avez tiré en leur présence du sein d'une de vos ruches ?

A mon avis, rien n'orne mieux un jardin, rien ne lui donne plus de vie que quelques ruches bien tenues. Eh ! que de sages leçons de travail, d'ordre, d'union, de soumission, de prévoyance ne nous donne pas la diligente abeille ! Heureux l'homme qui, à son exemple, s'empresse de faire d'abondantes provisions pour les jours mauvais, et ne marche pas en insensé vers un redoutable avenir !...

C'est principalement par vous, messieurs, que ce petit ouvrage peut parvenir à la connaissance des bons habitants des campagnes ; veuillez donc le leur faire connaître, ou le leur prêter, ou leur donner le moyen de se le procurer.

UN MOT D'AVIS

AUX HOMMES SÉRIEUX ET INTELLIGENTS QUI DÉSIRENT FAIRE PROGRESSER L'ÉDUCATION DES ABEILLES.

L'apiculture est une science véritable qui repose sur des faits certains et bien démontrés par l'expérience.

Plus de deux cents auteurs ont écrit sur ce sujet intéressant pour nous faire part de leurs observations, de leurs découvertes et de leurs méthodes. Quoique plusieurs se soient beaucoup plus abandonnés à leurs goûts littéraires ou poétiques qu'ils ne se sont appliqués à des observations pratiques; quoique dans cette science, comme dans toutes les autres, les sentiments varient à l'infini ; quoique la plupart cherchent à faire prévaloir leurs ruches et leurs méthodes, et n'hésitent pas à les placer au premier rang, cependant, lorsqu'on a parcouru un certain nombre de ces ouvrages les plus sérieux et qu'on a fait ses observations soi-même, il reste dans l'esprit des principes incontestables, des principes simples et peu nombreux que les hommes intelligents doivent s'efforcer de rendre populaires.

On est étonné qu'avec tant d'ouvrages sur l'apiculture, cette science ait fait si peu de progrès. Cela tient à plusieurs causes qu'il serait facile d'énumérer. Je ne m'arrête qu'à deux. Il me semble que les ouvrages d'apiculture ne sont pas écrits d'une manière assez intelligible pour les habitants des campagnes, et que les ruches perfectionnées proposées par les auteurs sont trop dispendieuses. J'ai travaillé à éviter ces deux inconvénients, et j'ai la confiance qu'on me pardonnera de venir présenter un nouvel ouvrage sur un sujet tant de fois traité. Mon excuse est dans ma bonne intention, qui est de vulgariser davantage la science de l'apiculture. Pour donner plus d'attrait et plus de clarté à mes leçons, j'ai employé la forme du dialogue, afin d'entrer dans les plus menus détails, ce qui est nécessaire à l'intelligence du peuple, de proposer les difficultés, de les résoudre, et, autant que possible, de ne pas même laisser un grain de sable sur la route du lecteur. Je me suis servi de comparaisons simples pour porter la lumière et la conviction dans l'esprit de nos bons paysans, et les décider enfin à sortir de l'ornière d'une routine pernicieuse. Je me suis permis, dans l'occasion, de donner quelques bons conseils pour porter au bien, parce que le devoir du prêtre, en toutes circonstances, est de parler de Dieu, de le faire aimer. Je me permettrai encore ici de donner quelques bons avis à tous ceux qui ont du goût pour la culture des abeilles, qui se sentent animés du feu sacré et qui sont à même de le répandre.

1° Je leur dis de faire une étude pratique de l'éducation des abeilles. Marcher à l'aventure, suivre son imagination, n'est pas le moyen de réussir. Il n'est pas question ici de faire une pièce de poésie, de peindre un beau tableau; mais il s'agit, comme dans tous les arts, de suivre une bonne méthode, et de ne pas s'écarter de quelques règles positives que nous ont léguées des hommes consciencieux et expérimentés.

2° Qu'il me soit permis de dire à tous mes confrères en apiculture : Mes amis, ne soyons ni jaloux, ni orgueilleux, ni entêtés; ne nous laissons pas aveugler par nos propres idées, de manière à ne pas vouloir sortir d'un parti pris, d'une habitude consacrée, à ne pas vouloir abandonner quelques vieilles ruches, quelques troncs d'arbres qu'on a reçus en héritage de ses pères.

3° Je me permettrai aussi de faire observer aux commissions des sociétés d'apiculture ou des comices agricoles de bien étudier les principes de l'apiculture, les qualités d'une bonne ruche, parce que, si l'on encourage, si l'on prime, si l'on couronne de mauvaises méthodes, des ruches imparfaites, il est évident que l'on poussera au progrès, mais à rebours.

4° On s'accorde, en général, sur ces principes qu'il faut aux gens de campagne une ruche simple, peu coûteuse, facile à établir, qui se prête à toutes les opérations et qui procure le plus de bénéfice possible; mais on ne sait pas s'entendre sur le choix de cette ruche. On convient volontiers que c'est la ruche en paille qui vaut le mieux; or, elle se fabrique de différentes manières, sous plusieurs formes, et laquelle de ces ruches en paille faut-il préférer? est-ce la ruche en cloche? est-ce la ruche à capot, à dôme? ou bien est-ce la ruche à hausses, à divisions superposées? Ici, toujours désaccord, pas d'entente. C'est dans le but d'amener cet accord, cette entente, que j'ose offrir aux apiculteurs ma nouvelle ruche en paille, qui, je ne crains pas de l'affirmer, renferme toutes les conditions énoncées ci-dessus. Elle est surtout commode pour faire toutes les opérations, parce qu'elle est bien divisée. Cette précieuse qualité sera peut-être considérée comme un défaut, comme un embarras; mais cela n'est pas. Je prie ceux qui auraient de la peine à me croire de vouloir bien s'en convaincre eux-mêmes par leurs propres expériences. Je le désire d'autant plus que, si l'apiculture ne fait pas de progrès, cela vient probablement de ce qu'on ne s'est jamais entendu pour dire aux cultivateurs : Voilà la ruche qu'il vous faut pour retirer le plus de profit de vos abeilles. Trouver cette ruche, tel est le problème. Je serais trop heureux si je pouvais en faire avancer la solution par mes faibles efforts, et si, par mes conseils, les abeilles, que j'aime, pouvaient se multiplier de plus en plus dans nos campagnes, pour recueillir toutes les richesses déposées avec tant d'amour par la divine Providence dans les calices de nos innombrables fleurs.

LA CULTURE DES ABEILLES.

ENTRETIEN PREMIER.

INTRODUCTION.

M. le Curé. — Bonjour, père François.

François. — Monsieur le curé, je vous présente mes humbles respects.

M. le Curé. — Quel est donc le sujet de votre bonne visite ?

François. — C'est un bonheur qui vient de m'arriver, monsieur le curé.

M. le Curé. — Vous me ferez plaisir de me l'apprendre, car je suis toujours heureux du bonheur de mes paroissiens. Quelle est donc la cause de votre joie ?

François. — Un bel essaim d'abeilles vient de s'arrêter dans mon verger. Il est pendu à un de mes arbres comme un énorme raisin. Je sais, monsieur le curé, que vous avez des abeilles et que vous savez très-bien les traiter. Je viens donc vous prier d'avoir la bonté de me prêter une ruche et de me donner quelques leçons sur les abeilles lorsque les loisirs de votre saint ministère vous le permettront.

M. le Curé. — Tout est à votre service, mon bon François, mes ruches, ma science, mes inventions. Je ne saurais rien vous refuser de ce qui peut vous être de quelque utilité. Mais ne perdons pas le temps, allons vite à mon rucher prendre une ruche, et j'irai moi-même vous recueillir cet essaim. Il est nécessaire de le faire le plus promptement possible, parce qu'il pourrait vous échapper.

On arrive au verger. M. le curé renverse la ruche et la place sous l'essaim pendu en grappe. Il donne à la branche un coup sec, et l'essaim tombe dans la ruche. Pour donner aux abeilles le temps de se fixer aux parois de la ruche, il attend un instant de la renverser ; car il faut remarquer que si on la renversait tout de suite, les abeilles tomberaient toutes à terre. Dès que M. le curé les vit fixées, il renversa sa ruche, la posa à terre, et l'opération fut terminée. François, dans l'admiration, s'écria : Que vous êtes habile, monsieur le curé ! Je vois que, quand on sait faire, on ne perd pas de temps après ses abeilles. C'est ce que je craignais, car les jours du mois de mai sont précieux, et je serais bien fâché s'il fallait en perdre quelques heures. — Non, François, reprit M. le curé, il n'est pas nécessaire de perdre des heures pour recueillir un essaim ; quelques minutes suffisent, comme vous venez de le voir. Pour le moment, voici ce que vous avez à faire. La meilleure exposition pour les abeilles est celle-ci, parce que là elles recevront le soleil levant et seront abritées contre les orages. Plantez ici trois piquets, placez dessus une petite planche de la largeur de la ruche, puis ce soir vous mettrez la ruche à sa place. Pour la préserver de la pluie, vous étendrez par-dessus un petit toit en paille que vous ferez supporter par quatre piquets ; ou, ce qui est encore mieux, vous lierez par le bout une certaine quantité de paille assez longue, ensuite vous l'étendrez sur la ruche en forme de bonnet. Vous voilà maintenant ensemencé d'abeilles ; que Dieu les bénisse comme il bénit vos champs, et elles prospéreront. Pendant ces beaux jours d'été, vous n'avez pas le temps, mon cher François, de recevoir mes leçons ; vos occupations sont trop pressantes. Nous les remettrons donc à ces grandes veillées d'hiver qu'on ne sait quelquefois comment passer à la campagne.

François.—Vous prévenez mes désirs, monsieur le curé ; je voulais vous le demander. Mais, si cela ne vous ennuyait pas, nous serions deux pour profiter de vos leçons. Je vous amènerai un de mes amis, le père André, qui demeure au village voisin. Il a des abeilles, et depuis longtemps il me dit : « Il faut que j'aille trouver notre bon curé pour m'apprendre à soigner mes abeilles. »

M. le Curé. — Vous m'amènerez tous ceux que

vous voudrez, mon cher François ; je suis heureux toutes les fois que je puis passer quelques heures avec mes excellents hommes de campagne qui ont conservé, comme vous et André, la foi, la religion, la simplicité et des mœurs toutes patriarcales. Je vous attendrai donc après tous vos travaux, c'est-à-dire à la fin de novembre. Je me hâte de me rendre où m'appelle mon ministère ; pour vous, retournez paisiblement à vos travaux.

François. — Dans quelques jours, monsieur le curé, j'irai vous donner des nouvelles de mon essaim.

M. le Curé. — Vous me ferez plaisir, mon cher François. Adieu.

ENTRETIEN DEUXIÈME.

Premier aperçu de ma ruche.

LE PÈRE FRANÇOIS ET LE PÈRE ANDRÉ. — Bonsoir, monsieur le curé.

M. LE CURÉ. — Bonsoir, mes bons amis. Eh bien ! vos travaux sont-ils terminés ?

TOUS DEUX. — Oui, monsieur le curé, à peu près.

M. LE CURÉ. — Nous allons donc nous occuper d'abeilles et devenir savants dans cette partie.

FRANÇOIS. — C'est bien là notre intention, cher pasteur ; mais il nous faut bien un maître comme vous pour mettre de la science dans des têtes aussi dures que les nôtres.

M. LE CURÉ. — Nous allons tout de suite commencer ; venez à mon petit atelier où je fabrique mes ruches.

FRANÇOIS (en entrant dans l'atelier). — Oh ! monsieur le curé, vous vous occupez donc de tout ?

vous savez donc tout faire ? Là-haut vous avez une pleine chambre de livres, et ici je vois un banc de menuisier, un tour et toutes sortes d'outils.

M. le Curé. — Ajoutez encore que je m'occupe de fleurs et d'abeilles dans la belle saison. Mais vous comprenez que je ne fais ceci que par récréation et par principe de santé. Lorsque j'ai rempli les devoirs de mon ministère, et que j'ai consacré à la prière et à l'étude les heures voulues, je viens ici prendre un peu d'exercice en m'occupant à quelque ouvrage manuel agréable et qui délasse l'esprit.

Le père André. — Ce qui me frappe, monsieur le curé, c'est cette ruche (*fig.* 1) ; je n'en ai jamais vu comme cela.

M. le Curé. — Ce n'est pas étonnant, mon cher André, c'est une ruche de mon invention et que j'ai faite moi-même ; vous n'avez donc pu en voir de semblable. Jetez les yeux sur ce tableau de l'apiculteur (1). Vous voyez dans ce cadre toutes les espèces de ruches. Je vous en ferai remarquer plusieurs en bois dans le système de la mienne, mais il n'y en a pas en paille de ce genre.

André. — C'est vrai, les ruches en paille sont toutes coupées en travers, tandis que la vôtre est divisée du haut en bas. Les divisions (2) des ruches

(1) Ce tableau a été fait par M. Hamet, professeur d'apiculture à Paris. Il se vend maison Basset, rue de Seine, 33.

(2) Les parties d'une ruche divisée prennent divers noms : quand elles sont superposées (*fig.* 19), elles s'appellent *hausses* ; quand elles sont juxtaposées et faites en bois, elles

en paille qui sont sur le tableau se placent les unes sur les autres, tandis que celles de votre ruche se placent les unes contre les autres. Votre ruche, monsieur le curé, me plaît ; elle s'ouvre, se divise ; elle a des portes, des étages.

M. le Curé. — C'est précisément ce qui en fait le mérite, et il faut tout cela à une ruche pour cultiver les abeilles avec intérêt. Je ne m'attribue pas à moi seul tout le mérite de ma science et de mes découvertes. Voyez sur ce rayon tous ces volumes, ils parlent tous d'abeilles.

André. — Nous nous y perdrions, s'il fallait lire tout cela.

M. le Curé.—Je pourrai bien de temps en temps vous en lire quelques lignes et même quelques pages. Mais ne vous effrayez pas, je vais faire comme la nourrice : je vais vous mâcher tout ce qui est dans ces livres, et vous comprendrez aussi bien que moi. Ne suis-je pas un père qui tous les jours mâche un pain spirituel pour nourrir ses enfants ?

André. — Oh ! puissions-nous bien nous en nourrir de ces instructions que vous nous donnez avec tant de clarté et de zèle, cher pasteur ! Veuillez nous expliquer les avantages de votre ruche qui est là sous nos yeux (*fig.* 1 et 2).

M. le Curé. — Je ne puis pas en un instant vous

s'appellent *cadres* (1er, 2e, 3e, 4e cadres, *fig.* 9e). J'appellerai les divisions de ma ruche simplement *divisions* (1re, 2e, 3e, 4e divisions, *fig.* 1).

les faire sentir dans toute leur étendue, mais vous les comprendrez facilement dans le cours de mes leçons. Prenons dans ce rayon le livre de M. Féburier, qui est un savant en *apiculture*, c'est-à-dire dans la science des abeilles. Voici ce qu'il dit : « Les ruches peuvent être considérées sous plusieurs rapports, soit comme plus commodes aux abeilles et plus propres à les garantir des influences de l'atmosphère et des attaques de leurs ennemis, soit comme plus avantageuses aux cultivateurs pour leur éviter des frais, pour multiplier aisément les abeilles, les exploiter avec facilité et en tirer plus de bénéfice. Malheureusement (remarquez bien les paroles qui vont suivre) il est presque impossible d'avoir une ruche qui présente tous ces avantages, et nous serons forcés de donner la préférence à celle qui en réunira le plus, en considérant qu'il est de principe en agriculture qu'une augmentation de dépense, lorsqu'elle n'est pas trop forte et qu'elle peut être facilement supportée par les cultivateurs, ne doit pas nous arrêter, si les améliorations qui en résultent dédommagent des premières avances. »

L'impossible de M. Féburier est heureusement trouvé. Ma ruche (1) ne réunit pas seulement le

(1) Une ruche qui renferme sans exception toutes les qualités requises pour la prospérité des abeilles, qui s'ouvre à volonté, soit pour prendre du miel quand on en veut, soit pour renouveler ou nettoyer les rayons, soit pour faire avec la plus grande facilité des essaims artificiels, pour réunir les ruches qui sont en danger de périr ; une ruche qui renferme

plus d'avantages, elle les réunit tous. En outre, M. Féburier ajoute qu'il faut préférer celles qui présentent les plus grands avantages et qui sont le moins dispendieuses. La mienne ne coûte presque rien ; il n'y a donc pas à hésiter à lui donner la préférence sur toutes les autres.

François. — Nous aimons, monsieur le curé, à le croire, quoique nous ne connaissions pas encore toutes les qualités de votre ruche.

toutes les meilleures inventions trouvées jusqu'à ce jour et qui a l'immense avantage de pouvoir être fabriquée par tout le monde presque sans frais, cette ruche, dis-je, doit avoir l'approbation des apiculteurs et doit être bien accueillie de tout le monde. Or, je ne crains pas d'avancer que toutes ces qualités précieuses se trouvent dans ma ruche. C'est pour cela que j'ose affirmer qu'elle est la plus parfaite et la plus économique des ruches. Je prie mes chers lecteurs de ne pas taxer d'exagération mes paroles. Qu'ils veuillent bien prendre la peine de lire ce petit ouvrage sans prévention, et chacun se convaincra ensuite, par sa propre expérience, que je ne dis rien de trop.

La moindre invention est toujours d'un grand prix, quand elle a une utilité importante pour nos bons habitants des campagnes dont on ne s'occupe pas assez dans notre belle France. C'est pour cela que j'ai jugé à propos de faire connaître ma ruche, dont la première invention n'est pas de moi. Je renvoie la gloire de l'invention à ses premiers auteurs : Hubert, Gélieu, Bosc, Féburier, Radouan, etc. Tout mon mérite, c'est d'avoir appliqué à la ruche en paille les précieux perfectionnements qu'ils ont faits sur la ruche en bois, mais qui ne sont presque nulle part mis en pratique, parce que ces ruches en bois coûtent trop cher. Les différents prix que j'ai vus dans

M. le Curé. — Dans nos leçons qui vont suivre, je vous donnerai toutes les explications nécessaires, et j'espère que bientôt vous saurez apprécier mon invention à sa juste valeur. Arrêtons-nous là pour ne pas surcharger votre mémoire. Contentons-nous de cette connaissance générale, et demain nous entrerons dans les détails.

leurs ouvrages sont de 10, 12, 15 fr. Avec des prix si élevés, il ne faut pas même penser à les proposer à nos propriétaires aisés, qui heureusement sont très-parcimonieux et craignent toujours de faire des dépenses inutiles. Il n'est pas même prudent de les leur conseiller, parce que, si leurs abeilles venaient à périr, ils sauraient mauvais gré à celui qui leur aurait donné ce conseil.

La ruche que je leur propose n'a pas ce grave inconvénient; elle ne leur coûtera à peu près rien. 1° Ils ont tout ce qu'il faut pour la confectionner : paille, liens de tout genre, d'osier, de noisetier, de ronces, de clématites des haies, etc. 2° Ils peuvent tous la faire à temps perdu, c'est-à-dire dans un temps où ils ne peuvent pas s'occuper, comme dans un jour de pluie ou dans l'hiver. Il suffit qu'ils aient la bonne volonté de sortir de la routine pour mettre la main à l'œuvre et ne point dire : Je ne sais pas faire. Une fois qu'ils auront réussi, ils seront enchantés et jouiront avec bonheur du fruit de leur travail.

ENTRETIEN TROISIÈME.

Des qualités que doivent avoir les ruches.

A l'heure dite, le père François et le père André se rendent au presbytère. M. le curé les conduit à son atelier et leur dit : Mes bons amis, parlons aujourd'hui de toutes les qualités qui sont indispensables à une bonne ruche. Avant de nous occuper des abeilles, il est nécessaire de connaître leur petite demeure ; car, vous le savez, François, pour faire un bon travail il faut un bon outil. Sans cela, on a beaucoup de peine, et on ne réussit pas aussi bien.

FRANÇOIS. — Vous avez raison, monsieur le curé, j'en ai fait souvent l'expérience.

M. LE CURÉ. — De même, pour bien cultiver les abeilles, il faut leur préparer une ruche qui les facilite dans leur travail, et qui nous permette de les aider, de les débarrasser de leurs ennemis et de nous emparer de leur superflu, tout en conservant leur précieuse vie pour une nouvelle récolte.

André. — Rien de plus juste; mais nous autres, nous ne savons rien. Je n'avais jamais vu que des ruches faites avec quelques mauvaises planches. Les plus jolies que j'aie admirées sont celles qui sont faites avec quelque vieux tronc d'arbre qu'on avait percé.

M. le Curé. — Laissez-moi ces vieilleries comme vous laisseriez une vieille maison incommode, et apprenez à connaître les inventions ingénieuses qui ont été faites dans l'intérêt des abeilles et dans l'intérêt de leurs maîtres. Voici les qualités d'une bonne ruche :

1° Il faut qu'on puisse l'ouvrir en plusieurs endroits, afin de faire facilement les opérations. Rien n'est plus incommode que la ruche d'une seule pièce pour cultiver les abeilles.

Quelle difficulté pour prendre du miel! quel embarras pour faire des essaims artificiels, pour réunir les ruches faibles, mais surtout pour renouveler les rayons! « Ces ruches, dit Frarière qui a écrit ce livre jaune que vous voyez dans le rayon, ces ruches, dit-il, sont sujettes à de si graves inconvénients que tous les auteurs se sont empressés d'en proscrire l'usage. » A la campagne que fait-on? Ne sachant mieux faire, on étouffe les pauvres abeilles pour s'emparer de leurs provisions. Que diriez-vous, mes bons amis, à celui que vous verriez couper ses arbres pour en cueillir plus facilement les fruits?

André. — Nous lui dirions que ces arbres ne lui rapporteront jamais plus de fruits.

M. le Curé. — Et moi je vous dis, André, que ces abeilles que vous étouffez ne vous ramasseront jamais plus de miel. Comprenez donc les avantages de ma ruche que vous avez sous les yeux (*fig.* 1) (1). Elle a deux portes qui s'ouvrent de

(1) Pour éviter les inconvénients des ruches d'une seule pièce, les auteurs ont inventé les ruches à divisions, qui sont de deux sortes : celles dont la coupe est horizontale ou en travers, et celles dont la coupe est perpendiculaire ou du haut en bas. Je ne veux parler que de ces dernières, parce qu'elles sont infiniment plus commodes et plus avantageuses sous plusieurs rapports. La plus divisée est celle d'Hubert (*fig.* 23). Sa ruche à feuillets a autant de divisions que de rayons. Pour en avoir une idée, qu'on se figure huit ou dix cadres de 4 centim. d'épaisseur, réunis ensemble par deux traverses de bois de chaque côté. Cette ruche est la plus commode de toutes pour faire des observations et des opérations, mais elle entraîne à trop de dépenses et exige trop de soins. MM. Gélieu, Bosc, Féburier (*fig.* 21 et 22) n'ont divisé leurs ruches qu'en deux parties. M. Radouan, qui a porté à sa plus grande perfection la ruche à hausses en paille, s'est aussi appliqué à perfectionner les ruches en bois à divisions perpendiculaires. S'il avait fait en paille des ruches semblables à celles qu'il a faites en bois, il n'y aurait plus rien à désirer dans son système. Or, c'est cette lacune que je remplis par mes ruches en paille, qui sont semblables aux siennes à divisions perpendiculaires, qu'il ne fait qu'en bois, comme je le vois dans son ouvrage, qui est un des meilleurs que je connaisse. Cet ouvrage fait partie de la collection des manuels Roret. En voici le titre : *Nouveau Manuel complet pour gouverner les abeilles,* par Radouan. Je conseille à ceux qui veulent

chaque côté; elle se partage par le milieu, et on peut y faire autant de divisions qu'on le désire. Ainsi, vous le voyez, on peut prendre du miel avec

faire une étude plus approfondie sur les abeilles de se le procurer; mais il est trop volumineux et trop cher pour les gens de campagne. C'est en fabriquant une de ces ruches à divisions perpendiculaires, d'après les principes de cet ouvrage, que m'est venue l'idée de faire des ruches semblables en paille. Je ne suis arrivé à la plus grande simplicité qu'après plusieurs essais. Radouan a placé au verso de son livre le prix de sa ruche à divisions verticales, qu'il trouve bien supérieure à toutes ses autres ruches. Ce prix est de 15 fr. Malgré toutes les perfections qui la recommandent, où sont les cultivateurs qui voudront y mettre un prix si élevé? D'ailleurs on est obligé d'avoir recours à un menuisier pour la faire. De plus, la ruche en bois se tourmente au soleil, et les abeilles n'y sont pas aussi bien logées que dans la ruche en paille. Comme on le voit, ma ruche en paille, en jouissant de tous les avantages de la ruche en bois perfectionnée, n'a cependant aucun de ses défauts et de ses inconvénients. Frarière regarde la méthode de Radouan comme la plus commode et la meilleure de celles qu'il a pratiquées. Je suis de son avis. Mais il ajoute qu'il la croit impraticable dans une grande exploitation, parce qu'elle exige trop de soins minutieux. En ceci, je ne pense pas comme lui. Si ce qu'il dit a quelque réalité, ce n'est que pour la ruche à hausses; mais toutes ces difficultés disparaissent avec la ruche à divisions perpendiculaires, surtout avec ma ruche en paille du même genre. Avec cette méthode que j'adopte et que je conseille, on ne dérange presque pas les abeilles pour toutes les opérations, on perd très-peu de temps, et je suis persuadé que les habitants des campagnes viendront facilement à bout de la suivre, s'ils y mettent de la bonne volonté.

autant de facilité que vous prenez du fromage et du beurre dans un placard qui s'ouvre devant, derrière, au milieu, etc.

2° Une ruche doit pouvoir s'agrandir ou se diminuer selon le besoin. Prenons Féburier que je vous ai déjà lu. Voici ce qu'il dit : « Il est constaté par l'expérience que les abeilles préfèrent un logement proportionné à leur nombre, qu'elles paraissent dégoûtées et travaillent avec moins d'ardeur quand elles sont dans une ruche trop grande. On doit donc proportionner la grandeur des ruches à la force des essaims, et, sous ce rapport, les ruches dont on peut varier les dimensions ont un grand avantage sur les autres. » De plus, les dimensions des ruches doivent varier selon les lieux, être très-grandes dans les excellentes positions, médiocres dans les bonnes et petites dans les mauvaises. Ce qui revient à dire que plus la famille est nombreuse, plus il faut une grande maison, et que plus vous avez d'abondantes récoltes, plus vous devez agrandir votre grenier pour les contenir. Il y a pour les abeilles, comme pour les cultivateurs, des années d'abondance et des années de disette. Vous avez vu, André, des années où vos ruches sont très-légères, et d'autres où vous ne pouvez les soulever. Dans ces années favorables, la ruche étant trop petite, les abeilles se placent au-dessous, y construisent des rayons et y déposent leur miel. Ne vaut-il pas mieux pouvoir leur donner de l'espace dans leur ruche où elles puissent déposer leurs abondantes récoltes? Je n'ai pas besoin de vous faire observer que ma ruche peut s'agrandir ou se diminuer selon le besoin des abeilles. (M. le curé place quelques divisions à la suite les unes des autres, et le père François s'écrie : Vous pourriez bien, Monsieur le curé, faire une ruche qui aurait vingt pieds de long. — Et même cent, mon cher ami ; mais le trop ne vaut rien.)

Je vous ferai encore observer qu'une petite ruche est plus favorable aux abeilles qu'une grande : elles y travaillent avec plus d'activité et y prospèrent mieux. La raison en est que les abeilles ont plus de chaleur dans une petite ruche. Un petit appartement est toujours plus chaud qu'un autre très-spacieux. En commençant à cultiver les abeilles, je faisais mes ruches très-grandes, et plus d'une fois j'ai eu sujet de m'en repentir ; c'est pour cela que je les ai réduites aux dimensions que vous voyez (*fig.* 3).

3° Le dessus d'une bonne ruche ne doit pas être plat, mais convexe ou bombé, pour faciliter l'écoulement des vapeurs, qui sont toujours en très-grande quantité dans une ruche, même en hiver. Dans les plus grands froids, il y a dans une ruche bien peuplée près de 25 degrés de chaleur. Les vapeurs qui en résultent s'attachent à la partie supérieure. Quand le dessus est plat, au lieu de couler le long des parois, elles dégouttent sur les abeilles et sur les rayons, produisent une grande humidité, corrompent leur nourriture, occasionnent des maladies et la mort de la peuplade. Ceci est surtout à craindre dans les hivers humides et au moment du dégel. Je n'ai pas besoin de vous faire remarquer que ma ruche renferme cette condition exigée par les maîtres en apiculture. Ouverte (*fig.* 2), ma ruche ressemble à une fenêtre à plein cintre, et en coupant, dans la forme d'un œuf, le moule qui sert à la confectionner, elle ressemble à une fenêtre gothique. Comme vous le voyez, ma ruche étant très-bombée, les eaux qui résultent des vapeurs, au lieu de tomber sur les abeilles, coulent très-facilement sur les côtés de la ruche.

4° Les abeilles, pour bien prospérer, veulent être réunies en un seul groupe, afin de se maintenir dans la chaleur qui leur donne la vie et l'activité. L'expérience a démontré que pour toutes les ruches où on les force à se diviser en plusieurs pelotons par des séparations massives, comme dans les ruches à tiroirs, ces séparations leur sont très-nuisibles. Aussi toutes ces ruches sont abandonnées. Radouan a trouvé le moyen de jouir des avantages des ruches à séparations massives, et de laisser cependant aux abeilles la pleine liberté de se réunir en un seul peloton. A la place des séparations massives, il a placé de légers grillages qui ne les empêchent nullement de suivre leur instinct. Ce léger grillage, que j'ai adopté, est composé de petites baguettes triangulaires qui forment divers étages ou compartiments (*fig.* 2). Ces baguettes ont encore plusieurs autres avantages : elles sont nécessaires pour maintenir les rouleaux de paille dans la position voulue; les abeilles y fixent solidement leurs rayons, et on peut les tailler, faire toutes les opérations qu'on désire, sans nuire à la solidité de ce charmant travail.

5° Les ruches où les abeilles se trouvent le mieux sont les ruches en paille. Si l'on trouvait, André, une maison qui fût chaude pendant l'hiver et fraîche pendant l'été, est-ce qu'on ne la préférerait pas à toute autre?

André. — Ce serait une invention admirable.

M. le Curé. — Eh bien! nous procurons cet avantage aux abeilles en les logeant dans une petite maison en paille. Les savants disent que la paille est un mauvais conducteur de la chaleur, c'est-à-dire que, pendant l'été, la paille ne laisse pas entrer dans la ruche la chaleur extérieure aussi facilement que le bois, et, par la même raison, elle ne laisse pas sortir, pendant l'hiver, la chaleur intérieure. C'est pour cela que les ruches en paille sont plus chaudes pendant l'hiver et plus fraîches pendant l'été que les autres. La température y est plus égale que dans les ruches en bois.

Toutes les qualités que nous venons d'énumérer se trouvent dans ma ruche que vous avez sous les yeux. Après tous ces avantages, il faut encore prendre garde à un des plus précieux, qui est celui de l'économie. Les ruches les plus économiques sont les ruches en paille : on a tout ce qu'il faut à la campagne pour les fabriquer, et, quand on les fait soi-même, on peut dire qu'elles ne coûtent rien.

FRANÇOIS. — Je remarque, monsieur le curé, que toutes les divisions de votre ruche ne sont pas égales. Avez-vous eu une intention particulière en cela ?

M. LE CURÉ. — J'ai des divisions qui contiennent quatre rayons, d'autres n'en contiennent que trois, et d'autres que deux. Chacun peut choisir selon ses goûts.

FRANÇOIS. — Pour nous, nous n'avons pas de goût particulier ; nous voulons nous en tenir à ce que vous préférez, à ce que vous trouvez le mieux.

M. LE CURÉ. — J'ai essayé de tous les systèmes, et j'ai voulu les apprécier par ma propre expérience. En résumé, ce que je trouve de plus commode pour faire toutes les expériences qu'on désire, c'est ma ruche à divisions de deux rayons (*fig.* 7). Avec des divisions à quatre rayons, on a encore des embarras pour prendre du miel ; mais avec les divisions à deux rayons, toutes les difficultés disparaissent. Désormais, pour mon compte personnel, je ne veux employer, pour la confection de mes ruches, que ces divisions de deux rouleaux de paille disposées pour recevoir deux rayons. Dans un prochain entretien, nous reviendrons sur ce point important.

ANDRÉ. — Nous comprenons très-bien, monsieur le curé, les qualités d'une bonne ruche. Vous nous avez parlé d'une manière si claire ! Nous voyons de nos propres yeux qu'elles se trouvent toutes dans la ruche que vous avez inventée. Nous vous remercions de cette bonne leçon, et vous prions de vouloir bien agréer nos respects et notre reconnaissance.

ENTRETIEN QUATRIEME.

Un petit mot sur les divers systèmes des ruches ; la meilleure de toutes, celle qu'il faut préférer.

M. le Curé. — Je vais aujourd'hui, mes amis, vous donner un aperçu des diverses ruches qui existent, et vous en faire voir les avantages et les inconvénients.

1° La ruche d'une pièce, en bois ou en paille, a l'inconvénient sans pareil de ne se prêter à aucune des opérations nécessaires pour bien soigner les abeilles. Aussi tous ceux qui s'en servent ont-ils la cruelle et pernicieuse habitude de les étouffer pour prendre leur miel, et de ne leur donner aucun des soins qui peuvent les faire prospérer.

2° Frarière a voulu remettre en honneur la ruche d'une pièce. Il pose en principe que, quinze à dix-huit jours après le premier essaim, il n'y a plus de couvain dans la ruche. On peut donc, par le moyen de la fumée, faire passer toutes les abeilles de la ruche-mère dans une ruche vide, et emporter chez soi cette ruche avec tout ce qu'elle contient de miel et de rayons. Mais voici les inconvénients de cette méthode : 1° Il faut beaucoup de temps et d'habileté pour la suivre. 2° Le principe sur lequel repose cette méthode n'est pas toujours vrai ; car, lorsque la sortie des essaims est contrariée et n'a pas lieu d'une manière régulière, on trouve quelquefois, quinze ou dix-huit jours après le premier essaim, des ruches remplies de couvain. 3° On ne peut pas opérer sur les ruches qui n'essaiment pas. 4° C'est une imprudence de vouloir renouveler l'intérieur de toutes les ruches au printemps ; de cette manière elles ne font de la cire qu'avec le miel de premier choix. De plus, si la saison est mauvaise, on s'expose à voir périr de faim une grande partie de ses ruches.

3° *Ruche Lombard, ruche à* CAPOT (1) (*fig.* 20). — Cette ruche n'a qu'un seul avantage, c'est celui de prendre de beau miel dans une espèce de bonnet ou de petite caisse qu'on place sur le dessus de la ruche ; mais dans cet avantage il y a un grand danger. « Il est en effet bien difficile, dit Frarière, que des gens peu instruits, naturellement avides, comme le sont certains cultivateurs qui possèdent quelques ruches, puissent résister à la tentation de

(1) Ce mot n'est point français dans ce sens ; je m'en servirai cependant, ainsi que de quelques autres, parce qu'ils sont consacrés par l'usage et afin d'être mieux compris.

prendre, et qu'ils aient assez de sagesse pour être arrêtés par la crainte d'exposer leurs abeilles à une famine mortelle... » A part l'avantage dont je viens de parler, cette ruche a tous les inconvénients de celle d'une seule pièce. (Voyez, entretien VIe, comment j'ai modifié le corps de cette ruche pour en faire disparaître les inconvénients.)

4° *Ruches à hausses en paille ou en bois* (*fig.* 19). — Quand ces ruches ont des séparations massives, elles sont très-nuisibles au travail des abeilles. Radouan a supprimé ces séparations massives et les a remplacées par de petites baguettes qui permettent aux abeilles d'être réunies ensemble. Cette ruche, la plus perfectionnée des ruches en paille, a cependant des inconvénients. 1° Elle n'est pas commode comme celle que je vous propose. 2° Avec elle, il est impossible de faire certaines opérations. 3° La récolte du miel se fait en prenant toujours par-dessus la ruche et en plaçant des hausses vides par-dessous ; de cette manière on a toujours du miel qui est placé dans de vieux rayons. 4° Les rayons où se trouvent les cellules des bourdons montent successivement au centre de la ruche, et la reine est par là contrariée dans sa ponte, puisque Hubert a prouvé qu'elle ne pond jamais des œufs d'ouvrières dans des alvéoles de mâles.

5° *Ruches couchées en paille ou en bois.* — « La ruche cylindrique de l'abbé Bienaimé, dit Frarière, a eu un moment de vogue en France, puis a été entièrement abandonnée et ensuite reprise par d'autres personnes qui l'ont présentée comme une nouveauté. » L'inconvénient de cette ruche est de ne pas avoir de tablier. Les abeilles, en nettoyant les rayons, font tomber des débris de pollen et de cire au bas de la ruche ; les vapeurs qui coulent le long des parois viennent s'y mélanger, pourrissent la paille et jettent l'infection dans l'intérieur de la ruche.

6° Les ruches en verre, comme on les fait ordinairement, n'ont point d'autre avantage que celui de laisser voir quelques abeilles se promener sur les rayons qui sont sous le verre. Rarement on les surprend à exécuter les opérations les plus communes et jamais les plus importantes, parce que c'est toujours dans les gâteaux du centre qu'elles se font et que la vue ne peut y pénétrer.

Pour faire des observations, il n'y a que la ruche en verre d'un seul rayon qui soit commode; mais les abeilles ne peuvent pas vivre longtemps dans une ruche si rétrécie, parce qu'elles ne peuvent pas se grouper pour se maintenir dans une chaleur suffisante. Si vous voulez avoir une idée de cette ruche, figurez-vous le cadre d'une fenêtre ayant 4 centimètres d'épaisseur, 1 mètre de hauteur et 80 centimètres de largeur. Ce cadre est fermé de chaque côté par deux châssis vitrés qui peuvent s'ouvrir pour diriger l'unique rayon qui doit descendre d'une manière bien perpendiculaire. Quelques traverses dans la largeur du cadre contiennent le rayon. Deux volets recouvrent les deux faces. Au bas de la ruche on trouve l'entrée des abeilles, et au-dessus il y a une petite boîte qui sert à leur fournir des provisions dont elles ont presque toujours besoin. Pour les voir au travail, on n'a qu'à ôter les volets, et on peut les contempler sans nulle inquiétude. Lorsqu'on désire placer cette ruche dans un appartement, on adapte à l'entrée de la ruche un tuyau de fer blanc, ou simplement d'une canne de roseau, vide intérieurement, qui traverse le mur, et l'on fait l'entrée de la ruche à l'extérieur.

7° *Ruche Gélieu* (*fig.* 21), *ruche Féburier* (*fig.* 22), *ruche à feuillet de Hubert* (*fig.* 23), *ruche Radouan* (*fig.* 9 et 10). — Toutes ces ruches sont à divisions perpendiculaires, et elles jouissent de plusieurs avantages des ruches qui sont divisées de cette manière. Mais toutes celles qui sont trop compliquées dans l'intérieur, qui ont des cadres mobiles où il faudrait être continuellement occupé à diriger le travail des abeilles, ne peuvent pas être admises. Comme je vous l'ai déjà dit, la ruche que j'ai prise pour modèle est celle de Radouan. Il l'a organisée de manière à être du goût et à la portée de tout le monde. Dans la ruche de l'amateur et du cultivateur, ses divisions contiennent quatre rayons. La ruche du cultivateur a de plus un grillage qui sépare les deux divisions. Dans la ruche du naturaliste, ses divisions n'ont que deux rayons. Il n'a peut-être pas osé la proposer pour la culture ordinaire des abeilles, parce qu'elle est trop divisée; mais l'expérience m'a appris que, même pour l'apiculture en grand, cette ruche est la plus commode et la plus avantageuse, que c'est la seule des ruches perfectionnées que les habitants des campagnes puissent adopter. Ils n'auraient pas voulu adopter la ruche du naturaliste de Radouan, parce qu'étant en bois, le prix en est trop élevé; mais maintenant que je leur propose une ruche en paille parfaitement semblable et qui ne leur coûtera rien parce qu'ils pourront la faire eux-mêmes, toute difficulté se trouve levée.

François. — Un paysan ne pourrait pas trop faire l'expérience de tant d'espèces de ruches. Je crois, monsieur le curé, que nous autres habitants des campagnes, ce que nous avons de mieux à faire, c'est de vous croire, parce que sur ce point, comme sur beaucoup d'autres, vous avez plus vu, plus examiné et plus étudié que nous.

André. — Tu as raison, François. Oui, nous suivrons avec docilité tous les avis de notre bon pasteur, parce qu'il ne cherche que nos plus grands intérêts spirituels et temporels.

M. le Curé. — Mes amis, je suis bien flatté de la confiance que vous m'accordez. Cependant j'ai pour principe de ne rien avancer sans le prouver. Voici donc ce que dit Radouan sur les ruches de son invention : « Les ruches du naturaliste, de l'amateur et du cultivateur sont plus coûteuses que les ruches à hausses en paille ; mais, outre qu'elles possèdent tous les avantages de ces dernières, elles en ont d'autres bien précieux que n'ont pas les ruches à hausses. Ainsi, quoique les ruches à hausses soient faciles pour la récolte du miel et déjà coommodes pour faire des essaims artificiels, celles du naturaliste, de l'amateur et du cultivateur le sont encore infiniment plus. » Il ajoute ailleurs : « Ces ruches, dont je ne me sers que depuis quelques années, possèdent tous les avantages de mes ruches à hausses ; mais elles sont encore infiniment supérieures à celles-ci lorsqu'il s'agit de faire des essaims artificiels, de se procurer des reines, du couvain d'abeilles ouvrières pour ranimer des ruches désorganisées, pour faire des observations sur les abeilles et toutes les opérations nécessaires. On peut, avec la plus grande facilité, prendre des rayons de miel frais pour régaler un ami ou lui faire voir le merveilleux travail des abeilles, en ouvrant un volet de la ruche, ou même en séparant la ruche par le milieu, ce qui ne dérange presque pas ces mouches... Pour opérer le renouvellement des rayons de la ruche du naturaliste, on met successivement des cadres vides sur le devant de la ruche, et, quand la ruche le permet, on enlève les cadres pleins qui sont sur le derrière. Lorsqu'on est bien soigneux à ajouter ainsi des cadres vides et à enlever les cadres pleins, qui pourraient même devenir nuisibles, il arrive souvent que les édifices de la ruche se trouvent entièrement renouvelés en une seule année. »

Vous voyez, mes amis, que mon expérience et mes pensées sont parfaitement conformes à celles de cet habile apiculteur. Je vais encore vous citer ses paroles sur la manière de renouveler les édifices de sa ruche de l'amateur et du cultivateur, et vous verrez clairement que, dès que les cadres ou les divisions contiennent plus de deux rayons, les opérations deviennent difficiles et quelques unes impossibles.

« La manière de renouveler les édifices de la ruche de l'amateur et du cultivateur (*fig.* 10), quoique très-facile, est un peu plus compliquée. On prend d'abord les deux rayons qui sont sur le derrière de la ruche ; on fait faire ensuite un demi-tour à la ruche pour placer sur le devant la partie que l'on vient de vider ; on ouvre les entrées qui étaient fermées, et on ferme celles qui étaient ouvertes. Par les diverses opérations que nous venons de décrire, la partie qui était sur le devant de la ruche est alors sur le derrière. Au bout de quelque temps, on fait sur cette partie l'opération qui a déjà été faite dans le cadre qu'on a fait passer sur le devant de la ruche. Lorsque le vide que l'on vient de former est rempli par de nouveaux rayons, on ôte les deux volets de la ruche, on ouvre cette ruche par le milieu, on fait faire un demi-tour à chacun de ces deux cadres, ensuite on les rapproche, on les réunit et on les referme avec leurs volets. Cette opération se fait ordinairement après que la ruche a donné son premier essaim. De cette manière les rayons renouvelés se trouvent au centre de la ruche. »

Par ce simple exposé, vous pouvez comprendre que ce qui vaut le mieux c'est de subir la difficulté bien minime d'une ruche un peu plus divisée, afin d'avoir toutes les facilités imaginables pour traiter ses abeilles. Je m'arrête pour n'être pas trop long. Dans notre prochain entretien, nous reviendrons sur les avantages de cette ruche.

ENTRETIEN CINQUIÈME.

Les avantages de ma ruche en paille dont les divisions ne contiennent que deux rayons.

M. le Curé. — Je vous ai parlé, mes bons amis, dans notre dernier entretien, de la ruche du naturaliste de Radouan (*fig.* 9). Cette ruche est composée de quatre cadres qui n'ont que 75 millimètres d'épaisseur (32 lignes), place exigée pour deux rayons (*fig.* 12). Je fais une ruche en paille parfaitement semblable à celle-là. Avec deux rouleaux de paille j'obtiens une épaisseur de 75 millimètres (*fig.* 7). Les avantages de ma ruche ainsi divisée sont si grands et si nombreux, que je n'hésite pas à dire à tous les habitants des campagnes : Voilà la ruche qu'il vous faut, adoptez-la avec confiance ; vous n'aurez pas à vous en repentir, je vous le promets.

André. — Quels sont donc, monsieur le curé, ces nombreux avantages ?

M. le Curé. — Avec des cadres ou des divisions qui ne contiennent que deux rayons, 1° on renouvelle les rayons d'une ruche, on fait des essaims artificiels avec une extrême facilité ; nous l'avons déjà vu. 2° Quand une ruche a quatre divisions et qu'elle est pleine de miel, on ne craint pas de lui nuire en ne prenant que le quart de ses provisions. 3° En enlevant une division entièrement, l'intérieur de la ruche reste intact. 4° Il ne faut que quelques minutes pour enlever une division et en chasser les abeilles. 5° On n'est pas obligé de faire couler son miel tout de suite, parce qu'on peut laisser quelque temps les rayons dans leurs cadres ou divisions. 6° On ne dérange presque pas les abeilles, puisqu'on ne fait que les pousser sur le devant de la ruche avec de la fumée. 7° Le miel ne coule pas quand les rayons sont bien dirigés ; il ne coule pas non plus quand on ne fait que passer entre les divisions un fil de fer bien mince. 8° Si une ruche faible n'a pas assez recueilli pour passer son hiver, on prend un cadre dans une ruche forte pour en compléter les provisions. On fait de même pour fortifier un essaim faible. 9° Dans un moment de grande récolte, si les rayons d'une ruche n'ont pas besoin d'être renouvelés, on ajoute à la ruche des divisions vides, et on les enlève quand elles sont pleines de miel vierge. 10° Le renouvellement des rayons est d'une grande importance. Les abeilles ne se plaisent pas dans les vieux rayons ; dans les nouveaux elles sont plus calmes, elles y naissent plus grosses et sont par là même plus actives. Or, avec ma ruche à petites divisions, on renouvelle si facilement les rayons qu'ils ressemblent presque toujours à ceux des jeunes essaims. Enfin, mes bons amis, avec ma ruche, il n'est pas plus difficile de tirer le miel de vos ruches que de traire votre lait, que de cueillir les fruits de votre jardin, et il ne faut pas plus de temps. A mes yeux, toutes ces opérations ne doivent pas être pour les cultivateurs plus embarrassantes les unes que les autres. Mais entendons-nous bien : pour arriver à ce but, il faut une ruche commode, et je ne crains pas de certifier que ma ruche en paille à petites divisions perpendiculaires renferme cette qualité et tous les avantages que je viens d'énumérer.

André. — Il faudra peut-être un peu de temps, monsieur le curé, avant que les habitants des campagnes vous comprennent. Ils tiennent à leur manière de voir et ne veulent pas faire autrement que leurs pères ont fait, disent-ils.

M. le Curé. — Je le sais, André. Il y a quelques années, quand on leur disait : Bientôt vous verrez courir dans les plaines, au fond des vallées, des voitures emportées par la vapeur et qui passeront sous les montagnes, ils ne voulaient pas le croire, parce qu'ils ne pensaient pas que la chose fût possible. Maintenant ils le croient parce qu'ils le voient. Or, je leur demande : Si on n'avait pas voulu abandonner l'ancienne méthode de faire les routes et les voitures, serait-on arrivé à ce résultat ? Certainement non. De même on ne verra point progresser l'apiculture tant qu'on n'abandonnera pas la vieille manière de faire les ruches et de prendre le miel, et qu'on n'adoptera pas une ruche simple, peu coûteuse, à la portée de tout le monde, et propre à faciliter toutes les opérations requises pour la multiplication et la prospérité des abeilles.

FRANÇOIS. — Vos raisons sont si évidentes, monsieur le curé, que je ne sais pas pourquoi on ne s'y rendrait pas.

M. LE CURÉ. — C'est vrai ; cependant, comme le remarquait André, il est possible que nos bons habitants des campagnes ne veuillent pas me croire. Ils sont attachés à leur vieille routine qui n'est ni belle ni avantageuse ; ils refusent à leurs abeilles même un pauvre toit de paille ; toute la peine qu'ils veulent se donner, c'est d'en recueillir les essaims. A l'automne, ils étouffent une partie de leurs abeilles et ne font jamais que de mauvais miel ; de cette manière ils n'ont toujours qu'un petit nombre de ruches qui leur donnent peu de profit.

Que dire à cela ? qu'ils ont tort ; qu'il y a dans leur conduite envers les abeilles de la cruauté et de l'ingratitude ; enfin qu'ils sont ennemis de leurs propres intérêts, puisqu'en suivant mes conseils ils pourraient, en quelques années et sans frais, se monter un grand rucher qui leur rendrait peut-être dix fois plus.

Un auteur que je lisais dernièrement se fâche presque en voyant l'indifférence de nos gens de campagne. « Pour les habitants des campagnes, dit-il, les abeilles sont une société qui leur enseigne l'économie, l'ordre et le travail. Pour la ferme, l'abeille est un hôte indispensable. Le rucher devrait se rencontrer à côté de toutes les maisons rurales. Mais une des grandes causes qui s'opposent à la propagation des abeilles, c'est l'*étouffage*. Qu'on tue le bœuf, je le conçois, puisqu'il n'y a pas d'autre moyen d'avoir sa chair. Mais que l'on tue l'abeille par le soufre, elle qui ne demande qu'à vivre pour enrichir son possesseur, et des produits de laquelle on peut s'emparer par des moyens moins cruels et plus avantageux, cela est plus que stupide, cela est déplorable. »

FRANÇOIS. — Ce monsieur a bien un peu raison.

M. LE CURÉ. — Grandement raison, François. Quoi ! pendant que tous les genres d'industrie sont en progrès en France, l'apiculture seule ne progressera pas ! Quoi ! le sol de notre patrie a d'immenses richesses que les abeilles seules peuvent recueillir, et on ose les faire périr au lieu de chercher à les multiplier !... Je m'arrête, car il est pénible de penser à un aveuglement qu'on ne peut vaincre et à une ignorance qu'on ne peut dissiper (1).

(1) Hubert déplore cette opiniâtreté comme nous. « Il paraît évident, dit-il, que lorsqu'on cultive les abeilles pour partager avec elles le produit de leurs récoltes, il faut chercher à les multiplier autant que le permet la nature du pays qu'on habite, et par conséquent respecter leur vie au moment même

François. — Pour nous, monsieur le curé, nous voulons suivre avec soin les bonnes méthodes que vous avez la bonté de nous expliquer avec tant de zèle, et nous espérons répandre autour de nous la lumière, du moins dans nos contrées.

M. le Curé. — A demain, mes amis; venez me voir de bonne heure, parce que j'aurai une leçon un peu longue à vous donner pour vous apprendre à fabriquer mes ruches.

où l'on s'empare de leurs provisions. C'est donc une opération absurde que de sacrifier des ruches entières pour prendre toutes les richesses qu'elles renferment. Les habitants de nos campagnes, qui n'emploient pas d'autres moyens, perdent toutes les années des quantités énormes de ruches, et comme en général nos printemps ne sont pas favorables aux essaims, cette perte est irréparable. Je sais bien qu'ils n'adopteront pas d'abord mes ruches en livres ou en feuillets : ils sont trop attachés à leurs préjugés et à leurs vieilles habitudes; mais les naturalistes et les cultivateurs éclairés sentiront l'utilité du procédé que j'indique, et s'ils le mettent en usage, j'espère que leur exemple contribuera à étendre et à perfectionner la culture des abeilles. »

ENTRETIEN SIXIÈME.

Manière de fabriquer mes ruches.

André et François arrivent à l'atelier où M. le le curé les attend. Après les saluts ordinaires, toujours croissants en affection, André dit à M. le curé : C'est aujourd'hui, cher pasteur, que vous allez nous apprendre à faire vos ruches admirables.

M. LE CURÉ. — Tout est prêt pour cela, mes bons amis ; mais ce que je vous demande d'abord, c'est de ne pas vous figurer que la chose soit difficile. Dans une heure, vous posséderez toute ma science. Ecoutez quelques explications, puis nous mettrons la main à l'œuvre ; car le plus court chemin pour apprendre, c'est de voir faire.

1° Vous voyez cette planche (*fig.* 3) coupée en rond dans sa partie supérieure : c'est le moule avec lequel je fais toutes les parties de ma ruche. Je vous fais observer que les portes et les divisions de ma ruche doivent être faites sur le même moule, ce qui est absolument nécessaire pour qu'elles puissent s'unir ensemble. La planche que vous voyez est un peu épaisse, afin que les rouleaux de paille puissent plus exactement s'appliquer dessus. Rien n'est plus facile à faire que ce moule ; chacun peut le fabriquer soi-même ou le faire couper par un menuisier. Voici comment vous procédez. Vous prenez une planche que vous réduisez aux proportions suivantes : 3 à 4 centimètres d'épaisseur, 25 centimètres de largeur, 35 centimètres de hauteur. Après cela, vous prenez la moitié de la largeur avec un compas ; vous tracez une ligne par le centre (*fig.* 3 A B) ; puis vous placez les deux pointes du compas sur A et B, et vous n'avez qu'à tourner des deux côtés la pointe du compas qui est en A pour former le demi-cercle que vous découpez sur le tracé (1).

2° Les dimensions qu'on donne aux ruches varient, selon les plus ou moins bonnes positions, de 25 à 40 décimètres cubes, ce qui fait un contenu de 25 à 40 litres. La dimension à laquelle je m'arrête est celle d'un pied cube dans œuvre (30 litres). J'adopte une des plus petites dimensions, l'avantage des petites ruches étant bien constaté : les abeilles y conservent plus facilement la chaleur qui leur

(1) Ceux qui voudraient une ruche plus large en bas et plus étroite en haut, dans la forme d'une fenêtre gothique ou d'un pain de sucre, n'ont qu'à découper leur moule comme ils l'entendent ; la paille se pliera dessus selon leurs désirs.

convient ; la reine peut pondre ses œufs plus tôt ; les abeilles ouvrières sont plus libres pour aller chercher le butin ; les essaims sont plus précoces, parce que les cellules royales sont construites dès que la population est dans la gêne ; la ruche-mère a le temps de se repeupler ; la teigne est moins à craindre, etc. Les petites ruches sont donc plus favorables à la prospérité des abeilles que les grandes ruches qui semblent les décourager. D'ailleurs, je n'ai jamais à redouter que mes ruches soient trop petites, même dans les saisons d'abondance, vu que je puis les agrandir indéfiniment pour profiter des travaux persévérants de ces infatigables insectes.

Ayant coupé votre planche comme je viens de vous l'indiquer, vous percez neuf petits trous sur les bords (*fig.* 3). Ils servent à y passer une ficelle pour fixer autour du moule le premier rouleau de paille (*fig.* 4) à mesure qu'on le fait et lui donner la forme que vous voyez (*fig.* 5.)

3° Pour que le rouleau de paille soit partout également gros, on le fait passer dans un anneau (*fig.* 4 A) qu'on pousse à mesure que l'ouvrage avance. Lorsque le rouleau diminue, on plante au centre une nouvelle paille pour l'entretenir continuellement de la même grosseur. Je fais les rouleaux de paille assez gros pour qu'ils donnent chacun la largeur nécessaire à un rayon. Pour obtenir cette largeur, qui est de 16 lignes, il faut que l'anneau ait environ 4 centimètres de diamètre Si l'on veut s'assurer de la vraie dimension, on passe à travers les deux rouleaux de paille un petit morceau de bois aigu, et l'on voit s'ils donnent 32 lignes de largeur. S'il y a plus ou moins, on grossit ou l'on diminue les rouleaux de paille, ou bien on rétrécit ou l'on agrandit l'anneau. On peut trouver, en cuivre ou en fer, des anneaux de cette dimension. Si l'on n'en trouve pas, on en fait un soi-même de cette manière : on arrondit un morceau de bois de façon à ce qu'il n'ait que 4 centimètres de diamètre; on fait deux tours de fil de fer dessus qu'on assujettit, et on obtient ainsi un anneau qui est de la dimension voulue. Vous voyez, mes amis, tous mes outils pour fabriquer ces jolies ruches : ce moule, cet anneau, ce poinçon qui n'est qu'un morceau de bois dur aiguisé, et qui sert à percer les rouleaux de paille, afin d'y faire passer le lien qui les forme et les unit ensemble.

4° Les meilleurs liens dont on puisse se servir pour unir les rouleaux de paille sont ceux qu'on fait avec le bois de noisetier. C'est une espèce de chevilière de bois qu'on enlève en faisant plier la branche contre le genou. Personne n'ignore à la campagne la manière de faire ces liens. Pour bien réussir, il faut choisir des branches pas trop grosses et un peu vieilles. A défaut de noisetier, on se sert des ambres les plus flexibles et les moins cassants. Les liens les plus solides et les plus durables (mais il faut avoir le temps et la patience de les faire) sont les liens faits avec des ronces. On choisit celles qui sont d'un rouge foncé et grosses comme le doigt, on les fend en quatre ou en six morceaux, on en ôte la moelle, et il reste un lien très-flexible et très-fort. Si l'on veut, on le blanchit en ôtant l'écorce.

5° Je vais maintenant vous apprendre à faire les différentes parties de ma ruche. Quand vous avez formé un rouleau de paille de 15 centimètres de long, vous le fixez sur le moule avec une ficelle (*fig.* 4), en commençant par la droite ; vous arrêtez votre ficelle, et vous continuez votre rouleau ; vous le pliez à mesure que vous le formez, puis vous le fixez encore, et vous allez ainsi jusqu'au bout. Arrivé à l'extrémité du moule à gauche, vous liez fortement le rouleau, vous l'attachez et le coupez (*fig.* 5). Ce premier tour peut servir pour faire ou les divisions ou les portes de ma ruche. Quand on a un banc de menuisier, on arrête le moule par le moyen de la presse, et l'on travaille encore avec plus de facilité.

Pour faire le corps de la ruche, vous placez à plat sur une table le moule garni de son rouleau de paille, puis vous élevez parallèlement un second rouleau sur le premier (*fig.* 6.) Remarquez qu'en même temps que vous formez ce second rouleau, vous l'unissez au premier, en passant les liens du second dans les liens du premier. Pour faire le passage du lien, on se sert du poinçon. Arrivé au bout, vous coupez ce rouleau à l'équerre (*fig.* 7), et vous agissez de même pour un troisième et un quatrième, si vous désirez former des divisions pour trois ou quatre rayons.

6° Il s'agit d'assujettir ces rouleaux de manière à ce qu'ils conservent exactement leur forme quand ils seront détachés du moule (*fig.* 7). Pour cela, j'emploie des baguettes minces et triangulaires (*a a*); je fais deux petits trous sur ces baguettes à la largeur du moule, et je les aiguise. J'en plante une au point où commence le cintre, et je l'assujettis avec un fil de fer qui passe par la baguette et fait le tour du rouleau (*fig.* 7 *b*). Au-dessous de cette première baguette, j'en place une seconde au milieu de la hauteur qui reste (*fig.* 7 *c*). Vous ôtez le moule, puis vous placez les deux autres baguettes dans le rouleau de paille qui était autour du moule.

Ces petites baguettes, qui ne nuisent en rien au travail des abeilles, sont très-utiles pour soutenir les rayons, et donnent la facilité de prendre le miel où l'on veut. Elles forment dans la ruche trois étages ou compartiments (*fig.* 2). Telle est la manière de confectionner les différentes divisions de ma ruche.

7° Les portes de ma ruche se font comme il suit. Quand vous avez plié un rouleau de paille sur le moule, comme je vous l'ai expliqué, il faut le fixer dans cette position (*fig.* 8) avant de sortir le moule. Ceci est un peu plus difficile ; mais en suivant ce que je vais dire, on en vient facilement à bout. Pour fixer ce rouleau, vous prenez deux liteaux ou deux planchettes (1) ; vous les placez en bas et à la nais-

(1) Vous vous servez d'ailleurs de ce que vous avez à votre disposition. Quand le rouleau de paille est gros et ferme, on peut se contenter de l'assujettir dans sa partie inférieure.

sance du cintre, de manière à ce que le rouleau conserve bien la forme du moule. Vous percez ces planchettes à la largeur du moule, et vous les assujettissez avec un fil de fer qui les travers cet fait le tour du rouleau (*fig.* 8 *a a*). Cela fait, vous ôtez le moule, et le rouleau de paille conserve parfaitement la forme qu'on lui a donnée (*fig.* 8). Vous le placez sur une table, et vous garnissez l'espace qu'occupait le moule avec des rouleaux de paille que vous formez dans l'intérieur, en commençant du côté gauche (*fig.* 8) (1). Pour plier les rouleaux avec facilité, on est obligé de les diminuer un peu à l'endroit du cintre, et on les grossit après. Arrivé au rouleau du milieu, pour le former on plie un peu de paille sur elle-même ; puis, quand on l'a fixée au sommet avec deux ou trois tours du lien, on va ensuite d'un rouleau à l'autre. Je le répète, il y a là une petite difficulté à vaincre ; malgré cela, je ne crains pas de l'affirmer, ma ruche est plus facile à faire que toutes les autres ruches en paille.

Pour faire ces portes plus élégantes, vous donnez à la planchette du bas 5 centimètres de largeur, et vous taillez au milieu l'entrée des abeilles. Cette entrée peut être longue, mais elle doit être très-basse, pour empêcher aux ennemis des abeilles, et spécialement au sphinx, gros papillon tête de mort, de pénétrer dans les ruches. Je ne donne à cette en-

(1) Un coup d'œil jeté sur la figure 8e fait mieux comprendre que toute explication.

trée que 4 ou 5 millimètres de hauteur sur 6 centimètres de longueur.

Cette manière de faire les portes de ma ruche est la meilleure, et les ruches entièrement faites en paille sont plus jolies; mais si on n'avait pas de temps à soi, ou qu'on ne voulût pas se donner la peine d'entreprendre le travail que je viens d'expliquer, on peut se servir de la porte que voici (*fig.* 5). C'est tout simplement le moule avec un rouleau de paille autour. On assujettit ce rouleau de paille avec des clous à tête qu'on enfonce dans le bois à travers la paille qu'on écarte et qui vient les recouvrir. Quand on a fait découper, sur les dimensions du moule, un certain nombre de planches, il faut peu de temps pour fabriquer une quantité de portes. Avec ce dernier moyen de fabriquer les portes de ma ruche, elle devient la plus facile à faire parmi toutes les ruches à divisions.

M. le curé, en donnant toutes ces explications à ses chers apprentis, travaille sous leurs yeux jusqu'à ce qu'ils comprennent parfaitement. Mais il s'aperçoit qu'ils sont préoccupés, et il leur en demande la cause. André répond : Notre inquiétude, monsieur le curé, est de savoir comment vous allez réunir toutes ces parties pour en faire une ruche solide.

M. le Curé. — Il y a plusieurs manières de réunir toutes ces parties. 1° Quand on est pressé, on peut se contenter de placer une petite corde autour de la ruche et de la faire serrer en la tordant avec un petit morceau de bois. 2° On plante à droite et à gauche des chevilles sur les rouleaux de paille qu'on veut réunir ; il faut qu'elles soient inclinées pour faire crochet, puis on fait passer une ficelle dessous en forme de lacet (*fig* 2). 3° Ce qu'il y a de mieux, c'est de faire, sur le rouleau de paille de la porte, des anneaux vis-à-vis les baguettes de la ruche. Un tour de fil de fer suffit. On passe dedans des ficelles un peu fortes (*fig*. 1), et on les fait serrer en les tordant derrière la ruche à l'aide d'un petit morceau de bois. Ces moyens suffisent pour rendre ma ruche aussi solide que si elle était d'une seule pièce. Si on désire lui donner encore plus de solidité, on peut placer de chaque côté des chevilles qui percent deux rouleaux et entrent dans le troisième en forme de tenons; mais il faut qu'on puisse les retirer avec des tenailles lorsqu'on voudra séparer les divisions. Ensuite, dès que les abeilles ont enduit leur ruche de propolis, on ôte toutes ces ficelles, afin que la ruche soit plus gracieuse.

François. — S'il y a des parties qui ne joignent pas, s'il reste quelques ouvertures, comment faut-il les boucher ?

M. le Curé. — Avec de la terre grasse qu'on pétrit dans ses doigts. On enduit de même le bas de la ruche qui repose sur le tablier. Avec ces moyens tout simples, on obtient des ruches aussi bien fermées que si elles étaient d'une seule pièce.

André. — Ce qui nous plaît, monsieur le curé, c'est que vous évitez tout ce qui peut occasionner des dépenses. Il est bien fâcheux que votre ruche ne soit pas plus connue. Pour nous qui avons le bonheur d'être vos élèves, nous vous prions de vouloir bien accepter nos excuses et nos sincères remercîments. Nous allons mettre en pratique vos leçons, et nous ne voulons pas venir vous importuner avant d'avoir confectionné chacun une ruche.

Dans les montagnes du département de l'Ain et du Jura, la ruche le plus en usage et à laquelle on tient le plus, c'est la ruche à capot dont j'ai parlé dans l'entretien IVe. Cette ruche a de graves inconvénients pour la prospérité des abeilles; mais il est si attrayant d'enlever de dessus ses ruches un capot plein de miel vierge qu'on peut conserver ou envoyer au marché, que je n'ai pas la prétention de faire adopter ma manière de voir à tous les propriétaires d'abeilles. Pour me plier à leur goût et à leur routine, je leur propose de modifier ma ruche comme on le voit dans les figures 14e, 16e, 17e et 18e. Selon les figures 14e et 17e, ma ruche a le dessus presque plat ; à la rigueur, on peut passer sur ce défaut. La forme de la figure 18e vaut mieux; mais on est obligé de former un massif de terre grasse au-dessus de la ruche pour placer le capot. Ma ruche ainsi modifiée se fabrique toujours de même dans toutes ses parties. Il n'y a que deux choses à observer. 1° Il faut laisser un passage au-dessus de ces deux ruches pour que les abeilles puissent monter dans le capot. On peut percer entre les deux rouleaux un trou avec un fer rougi au feu. Mais ce qui vaut mieux, c'est de laisser entre les deux rouleaux une fente qui se produit de cette manière : pendant deux ou trois tours, on ne fait pas passer le lien dans le rouleau voisin ; on place entre les deux rouleaux deux morceaux de bois de 5 millimètres pour les tenir écartés, et l'on obtient une fente où les abeilles passent avec plaisir. 2° La ruche (*fig.* 18) est plus large et moins haute que ma ruche ordinaire, afin de pouvoir placer au-dessus un capot.

Pour recevoir celui-ci, il faut une surface plane. On l'obtient avec un massif de terre grasse qu'on élève sur les deux versants de la ruche (*fig* 18 *a a*) et qu'on laisse sécher un jour. Ce travail n'est ni long ni difficile. La figure 13ᵉ représente le moule avec lequel on fabrique la ruche des figures 14ᵉ et 17ᵉ. Enfin la figure 15ᵉ représente le moule avec lequel on confectionne la ruche des figures 16ᵉ et 18ᵉ. Pour faire le capot, on prend un morceau de bois rond, puis on fait un petit boudin de paille qui se cloue autour. Ensuite on continue en élargissant pour former ce bonnet ou capuchon qu'on voit sur les ruches (*fig*. 17 et 18).

On me dira sans doute : A quoi bon ces inventions ? Je réponds que c'est pour avoir une ruche commode, une ruche qui facilite toutes les opérations nécessaires pour la prospérité des abeilles. Dans tous les arts, ne cherche-t-on pas les moyens les plus simples, les moins dispendieux et les plus expéditifs pour arriver à un bon résultat ? Pourquoi n'agirait-on pas de même en apiculture ? Vous tenez à une ruche qui ait un capot; eh bien! divisez donc le corps de votre ruche comme je vous le conseille. Pour la confection de la ruche, il n'y a pas plus de difficulté d'un côté que de l'autre. Puis, quand vous n'aurez rien à toucher dans l'intérieur de la ruche, vous placez votre capot ; mais si vous avez des opérations à y faire, comme de renouveler les rayons, de prendre du miel, de faire des essaims par séparation, etc., alors vous bouchez avec de la terre grasse les ouvertures qui sont au-dessus de la ruche, et vous agissez comme avec ma ruche ordinaire (*fig*. 1). Qu'on veuille donc bien s'y mettre et essayer de suivre mes conseils, au moins avec une ruche, et l'expérience de chacun produira, je l'espère, d'heureuses convictions.

ENTRETIEN SEPTIÈME.

De l'abeille ouvrière, du bourdon et de la reine.

M. LE CURÉ. — Dans cet entretien, mes chers amis, je veux vous parler de ce petit peuple si intéressant qui vit dans une ruche ; je veux vous faire connaître son industrie et ses travaux. En considérant les merveilles qu'il produit, vous bénirez sans doute cette sagesse infinie qui a placé dans un petit insecte un instinct supérieur quelquefois à l'intelligence de l'homme.

Un jour une abeille tira d'embarras le grand roi Salomon. Entre toutes les têtes couronnées qui vinrent le visiter dans les jours de sa gloire, l'Écriture sainte distingue surtout la reine de Saba. Plusieurs fois elle tenta de le surprendre par des énigmes, mais toujours il découvrait la vérité. Un jour, elle lui faisait montrer d'un peu loin deux roses dont l'une était véritable et l'autre artificielle, mais si bien travaillée qu'il était impossible à l'œil d'en faire le discernement. Le roi se fit apporter une abeille qui alla aussitôt se poser sur la rose naturelle pour en tirer le suc.

Après ce petit trait que j'ai aimé à vous citer, venons à notre sujet. Il y a dans une ruche trois espèces d'abeilles : les ouvrières, les bourdons et la reine. Les ouvrières forment la plus grande partie de la population. On leur a donné ce nom, parce que ce sont elles qui s'occupent de tous les travaux : elles vont chercher le miel, le pollen, la propolis ; elles construisent les rayons, nourrissent le couvain, approprient le logis, bouchent les courants d'air pour entretenir la chaleur, ventilent la ruche pour y renouveler l'air ; ce sont elles enfin qui font la garde de la maison et la défendent au péril de leur vie.

François. — Oh ! que d'ouvrage pour ces petits insectes !

M. le Curé. — L'abeille ouvrière ramasse trois sortes de choses : le miel, le pollen et la propolis. Elle recueille le miel dans le calice des fleurs ou sur les feuilles de certains arbres forestiers qui suintent un suc qu'on appelle miellée. L'abeille ouvrière a deux estomacs. Dans le premier, elle apporte et élabore le miel qu'elle dégorge dans les alvéoles ; le second lui sert à digérer sa nourriture et à convertir le miel en cire, laquelle sort en petites paillettes par les anneaux de son ventre.

André. — Voilà bien des choses nouvelles pour

moi. Je m'étais figuré que le miel et la cire étaient ce que les abeillent apportent à leurs jambes.

M. le Curé. — Ce qu'elles apportent dans les deux petits paniers de leurs jambes n'est ni le miel ni la cire, mais la poussière fécondante des fleurs qui est au sommet des étamines et qu'on appelle pollen.

André. — Dans ce cas, celles que je croyais qui n'apportaient rien apportent plus que les autres, puisqu'elles apportent le miel ; mais à quoi sert ce que vous appelez pollen ?

M. le Curé. — Ces petites pelotes jaunes, blanches, vertes ou noires sont déposées dans les alvéoles, et les abeilles nourrices en font une bouillie avec laquelle elles nourrissent ces vers blancs dont la réunion s'appelle couvain et qui se transforment en abeilles. Lorsque vous voyez les abeilles d'une ruche apporter une grande quantité de pollen, c'est un très-bon signe. Si c'est avant l'essaimage, cette ruche vous donnera certainement de bons essaims. Si c'est après, votre ruche deviendra très-forte, parce qu'elle a beaucoup de couvain. N'oubliez pas que c'est le couvain qui met l'activité dans une ruche et qui en fait la prospérité. Une ruche faible exige peu de pollen, parce qu'elle a peu de couvain, et lorsque vous remarquez dans une de vos ruches que les abeilles n'apportent plus de pollen, il faut penser à la réunir à une autre ruche, parce qu'elle n'est pas éloignée de sa fin.

Les abeilles travailleuses sont encore admirables

par les soins continuels qu'elles prennent de l'intérieur de la ruche et par la propreté qu'elles y entretiennent. Elles emportent dehors les corps morts ainsi que la teigne quand elle s'y produit. Elles sont continuellement occupées à nettoyer leurs rayons. Enfin, pour conserver la chaleur nécessaire au couvain, elles enduisent la ruche de propolis, elles bouchent les fentes et tous les petits jours par où l'air peut pénétrer. La propolis est une matière résineuse rougeâtre et odorante qu'elles apportent à leurs jambes comme le pollen. En la pétrissant dans ses doigts, on reconnaît à l'odeur qu'elles l'ont recueillie sur les bourgeons des peupliers.

Le bourdon est l'abeille mâle. Son existence n'est pas aussi intéressante que celle de l'abeille ouvrière. Il est inoffensif, puisqu'il n'a point de dard ; mais il ne recueille rien et ne fait rien. Quelle est donc l'utilité de cette grande quantité de bourdons qui existent dans une ruche au printemps? Les savants seront encore longtemps à la chercher. Quelques apiculteurs, voyant que les bourdons consomment une grande quantité de miel, prennent tous les moyens possibles pour les exterminer avant que les ouvrières s'en occupent (1). Ils ne sont cependant peut-être pas aussi nuisibles qu'on se l'imagine, parce que, tant qu'ils vivent, il y a toujours une très-grande activité dans la ruche, soit par la cha-

(1) Voyez l'entretien xxve.

leur qu'ils y entretiennent, soit pour d'autres causes inconnues.

L'abeille nécessaire dans une ruche est l'abeille-mère qu'on appelle la reine (*fig.* 26). Elle y représente le Créateur dans cet univers. Sa fonction est de pondre des œufs et de gouverner le petit monde dont elle fait toute la vie. Une ruche qui manque de reine est bientôt désorganisée. La reine est plus grosse, plus longue et plus rousse que la travailleuse, mais moins grosse que le bourdon (1). Elle peut produire un son qui varie selon les circonstances, mais qui ordinairement se rapporte à celui des cigales, et qui a le pouvoir de rendre les ouvrières immobiles pendant quelques moments et de suspendre leurs travaux. La nature a inspiré aux reines un tel antagonisme les unes contre les autres qu'elles s'attaquent dès qu'elles s'aperçoivent, et le combat ne se termine que par la mort de l'une d'elles, tant l'unité de pouvoir est partout nécessaire. Lorsqu'on réunit deux ruches faibles ou deux essaims, si on tient le devant de la ruche propre, on y trouve ordinairement la reine qui a succombé dans le combat.

L'abeille ouvrière, dit-on, ne vit qu'un an ; souvent même, par suite d'accidents, elle vit moins encore. Le bourdon ne vit que trois ou quatre mois. On a vu la reine-mère conduire le premier essaim

(1) Dans la figure 26e, la reine est au milieu de ses ouvrières ; il est facile de la reconnaître.

pendant trois ou quatre ans. On la reconnait en lui coupant une antenne.

« Le gouvernement d'une ruche est paternel, dit Féburier ; c'est une mère de famille qui dirige les travaux de ses enfants et qui ne réclame en échange que leur tendresse et le simple nécessaire qu'ils s'empressent de lui fournir en prévenant ses besoins. La reine est toujours environnée d'un groupe d'ouvrières qui forment un cercle autour d'elle, et dont quelques unes dégorgent de temps en temps une nourriture composée de miel et de pollen qu'elles lui présentent avec leur trompe (*fig.* 26). La reine suce cette nourriture avec plaisir. Voici quelques exemples de cette fidélité dont j'ai été souvent témoin. Lorsqu'un essaim se fixe sur un arbre, si la reine se pose sur une feuille, à l'instant un petit peloton d'abeilles, gros comme un œuf, se forme autour d'elle. Lorsqu'un second ou troisième essaim rentre dans la ruche-mère, c'est ordinairement parce que la jeune reine qui l'a accompagné est morte. Dans ce cas, on trouve ordinairement par terre un petit peloton d'abeilles qui sont là pendant plusieurs jours à garder le cadavre de leur reine. Une année, au mois de mars, pour diminuer une de mes ruches, j'enlevai une de ses divisions. Je vais la secouer au soleil pour faire tomber à terre les abeilles qui étaient à travers les rayons. Quelques heures après, je veux m'assurer si toutes mes abeilles sont retournées à leur ruche, et je trouve mon petit groupe d'abeilles. Je les écarte, et j'aperçois une reine beaucoup plus grosse et même plus longue que celles qu'on voit au moment des essaims. Sans cette circonstance, je n'aurais jamais vu une reine prête à pondre ses œufs. Je vous dis tout ceci, mes amis, pour vous donner le secret de ces petits pelotons d'abeilles que vous rencontrerez quelquefois autour de votre rucher.

François. — Tout ceci, monsieur le curé, nous intéresse extraordinairement et nous fait aimer de plus en plus nos chères abeilles. Ce qui nous touche le plus, c'est le respect, l'affection et la soumission qu'elles ont pour leur mère et leur reine.

M. le Curé. — Prions Dieu, mes bons amis, afin que ces bons principes, malheureusement trop ébranlés dans notre siècle par l'orgueil et les mauvaises doctrines, revivent et se consolident dans tous les esprits, pour le bonheur des familles et de la société.

ENTRETIEN HUITIÈME.

Quelques notions pour bien traiter les abeilles.

M. LE CURÉ. — L'apiculture n'est pas un art difficile ; cependant il est très-important d'acquérir quelques connaissances avant de s'y livrer. La prudence nous dit : Commencez avec quelques ruches, et augmentez-en le nombre à mesure que votre éducation se fera, à mesure que vous apprendrez à connaître votre localité et que vous saurez faire les opérations. « Il ne faut pas se jeter étourdiment dans la culture des abeilles, dit un journal d'apiculture. Il est vrai que ce genre de culture est facile et produit de beaux profits ; cependant il est prudent de commencer par quelques ruches, et, à mesure qu'on prend de l'expérience, on agrandit son rucher. » Ce conseil est très-sage ; car il n'est pas rare de voir se mettre en campagne l'imagination brillante des jeunes apiculteurs. A peine ont-ils réuni quelques ruches, que déjà, dans leurs beaux rêves, ils voient couler des ruisseaux de miel ; une ruche doit leur rendre vingt, trente francs par an avec de bons essaims. Sous un pareil charme, les dépenses ne sont rien pour se procurer abeilles, ruches et ruchers. Une mauvaise saison arrive, et avec elle de grandes déceptions. On perd la moitié et peut-être les deux tiers de ses ruches, parce qu'on n'a pas su les soigner ; les illusions disparaissent, et on tombe dans le découragement. Ainsi pas d'imagination, pas de folies dans l'apiculture non plus que dans l'agriculture ; mais voyons les choses telles qu'elles sont, marchons avec prudence, et nous réussirons infailliblement.

Vous pouvez, mes bons amis, me faire toutes les questions qui vous seront venues à l'esprit, et j'y répondrai avec le plus de clarté possible.

François. — Puisque vous nous le permettez, monsieur le curé, nous vous adresserons d'abord cette question : Peut-on apprivoiser les abeilles ?

M. le Curé. — On ne peut pas dire qu'on apprivoise les abeilles comme certains animaux domestiques. Mais ce qui est certain, c'est que celles qu'on visite souvent, devant lesquelles on passe et on repasse sans courir, sont beaucoup moins méchantes que celles qui ne voient jamais personne. C'est pour cela qu'il est utile de les visiter de temps en temps. Dans ces courtes visites, on s'affectionne à ses abeilles, chose importante pour les bien cultiver ; car on ne fait bien que ce que l'on fait avec goût. D'ailleurs, quand on cultive les abeilles avec intelligence, quand on en sait admirer l'activité et les travaux, elles deviennent un des plus agréables délassements de la vie champêtre.

François. — Nous n'aurons pas trop le temps, monsieur le curé, de visiter nos abeilles, surtout au moment des travaux.

M. le Curé. — Je serais bien fâché, mon cher François, de vous donner un conseil qui vous fît perdre seulement cinq minutes de votre temps, qui est si précieux. Mais, dans certains moments, vous pouvez bien jeter sur vos abeilles un coup d'œil sans perdre de temps. Le dimanche, après que vous avez assisté aux saints offices, ne serait-ce pas pour vous un délassement aussi agréable qu'innocent de faire une visite à vos chères abeilles ?

André. — Sans doute, monsieur le curé ; mais ce qui éloigne des abeilles, c'est qu'on craint d'en être piqué. Je connais des hommes qui seraient les premiers dans un combat, dans un incendie, et qui n'osent pas approcher des abeilles, parce qu'ils en redoutent l'aiguillon.

M. le Curé. — Ceux qui se trouvent dans ce cas doivent surmonter cette crainte d'enfant. D'ailleurs, pour s'habituer à s'approcher des abeilles sans crainte, voici les précautions qu'on peut prendre. On se couvre la figure d'un masque la première fois qu'on s'en approche ou qu'on a des opérations à faire. Mais dès qu'on a l'habitude de les traiter, il est peu de circonstances où le masque soit nécessaire. On trouve chez les marchands de toile métallique des masques tout faits. Si l'on ne veut pas faire cette emplette, chacun peut s'en fabriquer un avec de l'osier, du crin, du fil de fer. Quelques uns arrangent un vieux chapeau en forme de capote de dame, et placent devant, pour couvrir le visage, une toile claire ou de la gaze.

François. — Que faut-il faire si l'on est piqué par les abeilles ?

M. le Curé. — Aussitôt qu'on a reçu une piqûre, il faut arracher l'aiguillon, presser la plaie pour faire sortir le venin, ou, ce qui est mieux encore, sucer la blessure. On peut aussi la laver avec de l'eau fraîche, de l'eau de chaux, la frotter avec des feuilles émollientes ou la couvrir de miel. Pour éviter tout accident, lorsqu'on approche des abeilles, il faut agir avec calme, avec douceur et sans bruit, ne pas courir, ne pas gesticuler. Si elles se posent sur nous et même sur notre visage, il faut les laisser tranquilles. Les mouvements, le bruit, les secousses, voilà ce qui les excite à piquer. En général, les abeilles, naturellement inoffensives, ne cherchent qu'à se défendre et jamais à attaquer. Il y a des temps où les abeilles sont plus irritables : ce sont les jours de pluie et de brouillard, les jours frais où elles ont du miel et du couvain à défendre. Dans les beaux jours chauds et clairs, on les approche facilement ; on peut ouvrir la ruche presque sans qu'elles y mettent opposition. Les habits blancs les irritent moins que les noirs ; c'est pour cela qu'elles se jettent de préférence dans les cheveux, sur un chapeau noir, où elles plantent leur dard avec fureur.

André. — Lorsque mes abeilles viennent m'attaquer, ce que je comprends assez à leur jargon menaçant, je fais toujours le poltron avec elles ; je tourne le dos et m'en vais tout doucement me mettre dans le feuillage de mon jardin, et à l'instant elles se retirent satisfaites : elles ont mis leur ennemi en fuite.

M. le Curé. — Vous agissez sagement. De même, lorsque vous voulez ouvrir une ruche pour faire une opération, faites-le lentement et sans secousses. Si elles s'irritent, laissez apaiser leur premier mouvement. Il faut surtout se garder de souffler sur les abeilles, parce que l'air qui sort de notre bouche a une qualité qui les irrite.

André. — J'ai entendu dire, monsieur le curé, qu'on rendait les abeilles bien douces par le moyen de la fumée.

M. le Curé. — Vous me prévenez, André ; c'est précisément de ce moyen que j'allais vous parler. Par la fumée, on rend les abeilles si douces qu'on n'a besoin ni de gants ni de masque pour ouvrir une ruche, prendre du miel et faire toutes les opérations qu'on désire. La fumée les épouvante tellement, qu'elles ne pensent qu'à fuir, à ventiler la ruche, et ne songent plus à piquer. Celles qui sont autour de la reine se pressent contre elle, parce qu'elles la croient en danger, et celles qui ont les ailes libres les agitent fortement pour chasser la fumée et purifier l'air de la ruche. Dans cet état, elles font entendre un bruit sourd ; c'est pour cela que l'on dit qu'elles sont en état de bruissement. Toutes les fois que je vous dirai qu'il faut mettre les abeilles en état de bruissement, vous saurez ce que vous devez faire.

ANDRÉ. — Mais comment leur envoyer cette fumée?

M. LE CURÉ. —Quelques uns se contentent de leur envoyer la fumée de leur pipe ; il y a cependant en cela quelque danger, parce que les abeilles craignent notre haleine. D'autres attachent au bout d'une baguette un morceau de toile grossière ou la roulent en forme de saucisson et y mettent le feu sans l'enflammer. Ils présentent le linge fumant à l'entrée de la ruche, en soufflant sur la fumée pour la faire pénétrer au-dedans. Mais, dès qu'on a un certain nombre de ruches à soigner, il faut se procurer un enfumoir. Ce petit instrument est d'une si grande utilité qu'il est presque indispensable.

ANDRÉ. —De quelle manière est donc fait un enfumoir, et comment se le procurer?

M. LE CURÉ. — Un enfumoir (*fig.* 25) est un tube en fer blanc ou en tôle, façonné à peu près comme le brûloir à café ordinaire. Il a deux douilles, l'une pour recevoir un soufflet, et l'autre plus pointue injecte la fumée dans la ruche. La grandeur de l'enfumoir varie selon que la matière que l'on emploie pour faire la fumée est plus ou moins volumineuse. On place dans cet enfumoir des chiffons, de la poussière de foin ou d'autres corps qui donnent beaucoup de fumée. Le prix d'un enfumoir est de 3 francs, et tout ferblantier peut le faire. Les enfumoirs ont plusieurs formes : les uns sont divisés en deux parties qui s'emboîtent l'une dans l'autre ; d'autres ont une porte qui se ferme avec un ressort. Je préfère celui dont la porte est à coulisse, pourvu qu'elle ferme bien et qu'elle ne laisse pas sortir la fumée. Il faut recommander au ferblantier : 1° de le confectionner de manière à ce qu'il ne se dessoude pas quand le feu est dedans ; 2° de placer devant la douille de la partie supérieure un petit grillage ponr empêcher les étincelles des chiffons de voler sur les abeilles. Ce grillage se bouche facilement ; il faut qu'on puisse y atteindre pour le nettoyer. Dans la figure 25, vous voyez la forme d'un enfumoir ordinaire qui a 20 centimètres de long et 7 ou 8 centimètres de diamètre.

« Au moyen de l'enfumoir, dit Radouan, on pousse la fumée sur ces mouches comme un soufflet dirige l'air sur un foyer pour en allumer le feu. Au moyen de la fumée, on peut mettre tous les rayons d'une ruche à découvert, choisir, tailler, rogner et enlever sans obstacle tout ce qu'on voudra, sans presque faire périr une seule abeille. La fumée apaise et en quelque sorte apprivoise ces mouches. » Pour mettre les abeilles en état de bruissement, il suffit de pousser quelques bouffées de fumée par la porte de la ruche, et dès qu'on entend un bruit très-fort, on peut ouvrir la ruche et faire toutes ses opérations sans avoir rien à craindre.

Cet état de bruissement est encore utile pour empêcher que les abeilles ne se massacrent, lorsqu'on réunit des essaims ou des ruches faibles ; mais pour cela il faut les entretenir dans cet état pendant dix minutes, un quart d'heure.

Outre l'enfumoir, les apiculteurs ont encore un tabouret propre à enfumer les abeilles qu'on veut tenir un peu de temps en état de bruissement. Voici ce qu'en dit Radouan : « On peut, avec une chaise forte dont la paille est usée, faire très-facilement un tabouret propre à enfumer les abeilles, en sciant le dossier, garnissant les quatre faces avec de la planche légère, et clouant dessus quatre traverses solides pour laisser dans le milieu un trou d'environ un pied carré. Ce trou doit être recouvert d'une toile de canevas pour empêcher le passage des abeilles. On place le linge fumant dans le tabouret, et la fumée se répand dans toute la ruche. »

Je vous ferai observer que la fumée ne doit pas être trop forte, et que les matières embrasées ne doivent pas trop donner de chaleur ; car en ceci l'excès serait nuisible aux abeilles.

André. — N'est-il pas à craindre que la fumée ne fasse périr les abeilles ?

M. le Curé. — Evitez les excès, comme je viens de le dire ; après cela n'ayez aucune inquiétude. Je ne me suis jamais aperçu que la fumée fît le moindre mal à mes abeilles. Dès qu'elles sortent de l'état de bruissement, elles travaillent avec autant d'activité qu'auparavant. Ne l'oubliez donc pas, la fumée est le seul moyen simple et praticable qu'on ait trouvé jusqu'à ce jour pour adoucir les abeilles et prendre leur miel sans avoir à redouter leur aiguillon. Ce moyen est des plus avantageux pour les abeilles et pour nous, puisqu'il nous permet de nous emparer aisément du superflu de leurs provisions, tout en conservant des vies précieuses qui doivent, dans de nouveaux travaux, se consumer pour nous.

ENTRETIEN NEUVIÈME.

Principes généraux pour la culture des abeilles.

M. LE CURÉ. — M. Féburier dit qu'il en est de la culture des abeilles comme de celle des plantes. On peut établir des principes généraux, mais on est obligé de les modifier selon les climats. Dans un pays chaud, une plante vient en terre, sans soins ; dans un pays froid, on est obligé d'abriter cette plante et même de la mettre en serre. De même, dans le Nord, les abeilles exigent plus de soins que dans les pays chauds, où il y a tout ce qu'il faut pour les faire prospérer, c'est-à-dire chaleur continue et miel en abondance.

Aujourd'hui, mes amis, je vais vous expliquer les principes qu'il faut suivre pour réussir dans la culture des abeilles.

Principe fondamental.—Tout l'art de faire prospérer les abeilles consiste à s'efforcer, par tous les moyens possibles, d'avoir des ruches fortes. Il ne faut pas tenir à la quantité des ruches, mais à leur qualité. Une ruche forte ramasse plus que cinq à six ruches faibles. J'en ai vu de fortes dans mon rucher ramasser jusqu'à 4 kilog. de miel dans un jour, pendant que les faibles récoltaient à peine 1/2 kilog. L'important est donc d'avoir des ruches bien peuplées, surtout à l'époque où il y a abondance de fleurs. De plus, les ruches fortes ne craignent rien des maladies, ni des vers, ni des mauvaises saisons. Tenir ses ruches fortes est donc le vrai et unique moyen de les conserver et de leur faire produire le plus possible. « La prospérité d'un rucher, ajoute Féburier, dépend de la multiplication des ouvrières à l'entrée de la belle saison. Si elles sont nombreuses, elles vont en grand nombre butiner dans les champs et rapportent assez de nourriture, non seulement pour nourrir le couvain, mais encore pour remplir les magasins. Si elles sont au contraire en petit nombre, elles suffisent à peine pour nourrir le couvain. Quelquefois le premier couvain périt, les essaims sont tardifs, et les abeilles ne sont multipliées qu'au moment où la nature ne leur fournit presque plus de nectar ni de miellée. Il est en conséquence indispensable, pour tirer le plus grand parti de ses abeilles, de leur fournir les moyens de commencer leurs travaux aussitôt que la saison le permet.

André. — J'avais déjà bien fait ces observations, monsieur le curé. Une année j'ai eu beaucoup d'essaims; j'étais content, heureux d'avoir un si grand nombre de ruches, mais ma joie s'est bientôt changée en tristesse. Pendant l'hiver, j'ai vu périr presque toutes mes ruches.

M. le Curé. — Eh bien ! oui, mon cher André, c'est ainsi que quand on se croit riche en abeilles, on est souvent bien pauvre.

François. — Mais alors, monsieur le curé, il faut que vous nous expliquiez tout cela et que vous nous donniez les moyens d'avoir des ruches fortes ; car, d'après ce que vous nous dites, c'est là l'important.

M. le Curé. — Oui, mes bons amis, c'est là l'important, et je tiens à ce que vous ne l'oubliiez pas. Pour le graver encore mieux dans votre mémoire, je vous ferai part d'une observation qu'ont faite les auteurs et que j'ai constatée moi-même. Vous aussi, vous pourrez vous en convaincre quand vous le voudrez. Les abeilles ne travaillent pas en proportion de leur nombre, mais en progression. Expliquons ces termes obscurs pour vous. Prenons quatre livres d'abeilles qui, dans huit jours, ramassent 10 kilogrammes de miel : un nombre double d'abeilles devrait en ramasser 20 kilogrammes, dans le même temps et dans les mêmes conditions ; cependant ce qui est admirable, c'est qu'au lieu du double, elles ramassent le triple et le quadruple. Il y a donc d'immenses avantages à rendre les ruches aussi fortes que possible. Pour preuve de ce que j'avance, écoutez le sentiment d'un homme d'expérience, appelé Contardi : « Tout l'art d'un cultivateur d'abeilles, dit-il, consiste à tenir ses ruches bien peuplées. C'est un principe dont on ne doit jamais s'écarter. Plutôt que d'augmenter le nombre de ses ruches, on doit chercher le moyen d'augmenter le peuple de celles que l'on a. Une ruche bien riche en abeilles produira plus de miel et de cire que douze autres faibles et pauvres. L'expérience a prouvé que si une ruche composée de 3 livres d'abeilles recueille 6 livres de miel, une autre qui contiendrait 6 livres d'abeilles en recueillerait au moins 24 livres, c'est-à-dire quatre fois autant. »

C'est donc une erreur bien préjudiciable que celle où l'on est ordinairement dans les campagnes de multiplier ses ruches au lieu de les fortifier, de se croire riche quand on a un grand nombre de ruches, sans prendre garde qu'elles sont pauvres en population. Pour se rendre compte de cette vérité, il suffit de voir travailler les ruches fortes et les ruches faibles. Les ruches fortes travaillent le matin une heure plus tôt et le soir une heure plus tard. Dans les mauvais jours, les fortes travaillent un peu, tandis que les faibles sont dans l'engourdissement. Dans les ruches fortes, vous comptez vingt, trente abeilles qui partent à la fois pour voler au butin, pendant que vous n'en voyez sortir que quelques unes des ruches faibles. Dans une ruche forte, les abeilles apportent aussi une plus grosse charge, parce qu'elles ont plus de vigueur et d'activité. Cette vigueur et cette activité leur viennent de la grande quantité de couvain qui existe continuellement dans une ruche forte, et de ce qu'en rentrant dans la grande chaleur de la ruche, elles recouvrent à l'instant toutes leurs forces. Lorsqu'un homme a besoin de chaleur pour travailler, s'il entre dans un appartement très-chaud, après un instant il peut reprendre son travail ; il en est de même des abeilles.

François. — Je vois, monsieur le curé, que c'est dans une ruche comme dans un ménage : plus il y a de forces, plus il y a de bras pour travailler, plus aussi on y amasse d'abondantes récoltes.

M. le Curé. — Je vous dirai encore, François, que c'est tout le contraire pour la consommation pendant l'hiver. Une ruche bien peuplée dépense beaucoup moins proportionnellement qu'une faible. Tout le monde sait aussi que dans un fort ménage on dépense moins que dans un faible, toutes proportions gardées.

Maintenant je vais répondre à la question que m'a adressée André : Quels sont les moyens d'avoir des ruches fortes? Les voici :

1° Il faut faire en sorte d'avoir des essaims très-précoces.

2° Il faut réunir tous les essaims faibles et tardifs.

3° On arrive à faire de bonnes ruches par la réunion des ruches faibles, qui, abandonnées à elles-mêmes, périraient infailliblement.

4° Il faut empêcher les seconds, mais surtout les troisièmes essaims, afin de conserver aux ruches-mères leur force.

5° Aider les essaims en leur donnant un commencement de travail.

6° Quand on ne tient pas à multiplier ses abeilles, et qu'on veut recueillir une plus grande quantité de miel, on réunit deux fortes ruches ensemble, et on prend à l'une et à l'autre la moitié de leurs provisions. Deux fortes populations réunies ensemble et bien approvisionnées donneront nécessairement des essaims très-printaniers. Que peuvent répondre ceux qui ont la mauvaise habitude d'étouffer leurs abeilles et les auteurs imprudents qui osent le conseiller ? Voilà deux ruches fortes pleines de miel. Vous voulez en sacrifier une. Moi, je vous propose de prendre autant de miel et de conserver vos abeilles par une méthode toute simple. Vous n'avez besoin que de faire passer vos abeilles dans une ou deux divisions de chaque ruche, et vous emportez les deux moitiés de chaque ruche pleines de miel. Outre que j'ai autant de miel que ceux qui les étouffent, j'ai de plus qu'eux l'avantage de conserver mes abeilles, avec lesquelles je forme des ruches extraordinairement fortes, qui essaimeront huit ou quinze jours plus tôt que les autres ruches, qui recueilleront le double et le triple de miel, parce qu'elles se trouveront fortes dès les premiers jours du printemps.

François. — Mais il faudra bien du miel pour nourrir deux grandes populations.

M. le Curé. — Nous verrons plus tard, François, que plusieurs populations d'abeilles réunies ne consomment presque pas plus de miel qu'une seule (1). Je me contente aujourd'hui de vous indiquer ces divers moyens pour former des ruches fortes. Je vous les expliquerai plus au long lorsque je vous parlerai des essaims, de la manière de réunir les ruches faibles et de récolter le miel.

Je vous dirai encore, mes amis, avant de terminer cet entretien, que pour bien se rendre compte du travail de ses abeilles, de la manière dont elles font leurs récoltes, des époques qui leur sont favorables, de ce qu'elles consomment pendant l'hiver, par conséquent des provisions qui leur sont strictement nécessaires pour traverser cette dure saison, pour avoir, dis-je, des idées exactes sur ces divers points, il faut peser ses ruches, du moins dans les mauvaises années, et jusqu'à ce qu'on soit instruit par ses propres expériences. Si on se contente, pour juger de ses ruches, de les soulever avec les mains, on ne portera jamais sur elles un jugement sûr et éclairé. J'ai vu des hommes assez intelligents, qui s'étaient occupés d'abeilles toute leur vie, en parler comme des enfants ; et cela parce qu'ils s'étaient toujours tenus dans le vague et n'avaient jamais cherché à rien préciser. Ici cependant la précision est absolument nécessaire, car un grand nombre de ruches périssent à la fin de l'hiver parce qu'il manque aux unes 1 kilogramme de miel, aux autres 1/2 kilogramme, et même à quelques unes 1/4 de

(1) Voyez l'entretien XVIe.

kilogramme (une demi-livre). On peut quelquefois, avec une dépense de 25 ou de 50 centimes, conserver une ruche qui vaudra 20 francs à la fin de l'été. Il est donc important, surtout pour les ruches médiocres, de savoir ce qui reste de leurs provisions, et on ne peut le savoir d'une manière précise si on ne les pèse pas.

François. — Auriez-vous la bonté, monsieur le curé, de nous expliquer comment il faudra nous y prendre pour peser nos ruches ?

M. le Curé. — Pour peser ses ruches avec facilité, il ne faut pas les placer, comme on le fait dans les campagnes, sur une planche qui sert de tablier pour toutes les ruches ; mais on place chaque ruche sur une petite planche qui lui sert de tablier, de sorte qu'en enlevant cette petite planche avec la ruche les abeilles ne sont nullement dérangées. On passe sous la planche une corde qui fait le tour de la ruche, et l'on pèse celle-ci comme tout autre objet. Lorsqu'on ne peut pas peser les ruches sur place, on les sort du rucher.

François. — Peut-être, monsieur le curé, ne se décidera-t-on pas à suivre votre conseil parce qu'il occasionne de l'embarras et une perte de temps.

M. le Curé. — L'embarras dont vous parlez n'est une difficulté que dans l'imagination de ceux qui n'ont jamais pesé une ruche et qui ne voudraient pas se donner la moindre peine pour soigner leurs abeilles. Ces quelques minutes consacrées à leur donner des soins ne sont pas un temps perdu, mais un temps utilement employé.

FRANÇOIS. — On dira peut-être encore, monsieur le curé, que cette opération est dangereuse, ou qu'on n'a pas d'instrument pour peser ses ruches.

M. LE CURÉ. — En levant la ruche avec son tablier, on peut faire cette opération en tout temps et sans aucun danger. D'ailleurs on peut boucher l'entrée de la ruche pour un moment avec un petit grillage qu'on assujettit avec de la terre grasse. Quant à l'instrument pour peser ses ruches, on trouve ordinairement dans les villages une petite romaine qui se prête volontiers à cet usage. Outre cela, on peut faire soi-même un instrument de ce genre dont je veux vous donner une idée. Le poids mobile se fait avec une poche en toile qu'on remplit de petites pierres; une tringle en bois forme les deux bras de la romaine; cette tringle s'établit sur un pieu taillé en biseau qu'on plante près du rucher. Pour graduer cette tringle, on met 1 kilogramme d'un côté, puis on place le poids; quand l'équilibre est parfait, on marque ce point. On ajoute 1 kilogramme, on pose le poids jusqu'à ce que l'équilibre soit parfait, on marque encore ce point, et on continue de même. A côté du premier point on met 1 K., à côté du second 2 K., etc.

La balance romaine est à bras inégaux; on trouvera peut-être plus commode de faire une balance à bras égaux, comme celle qu'on voit chez les épiciers.

Pour cette balance on fait des poids en pierre bien exacts, et on marque dessus le nombre de kilogrammes que ces pierres pèsent. Il est inutile de faire remarquer que lorsqu'on pèse les ruches il faut avoir son crayon et son papier pour noter le résultat de l'opération. Ceux qui ne sauraient pas écrire prendront leurs notes sur des morceaux de bois, comme les boulangers.

J'entre dans tous ces détails, mes amis, pour vous montrer qu'on peut cultiver les abeilles avec intérêt sans faire aucune dépense. Puissent nos bons paysans goûter ces occupations simples et utiles ! Elles leur procureront plus de bonheur que les jeux et les cabarets, où ils perdent leur argent, leur santé, leur religion et même la raison, et où souvent ils s'abrutissent.

ENTRETIEN DIXIÈME.

Des bonnes positions. — Du rucher et de son exposition.

M. le Curé. — Il en est, mes bons amis, de la culture des abeilles comme de la culture de vos champs. Pour obtenir d'abondantes récoltes, il faut avoir de bonnes terres, et pour avoir de bon vin, il faut que vos vignes soient à une bonne exposition. Ajoutons encore qu'il faut une saison favorable : trop de froid, trop de chaleur, trop de pluie ou trop de vent, et tant d'autres circonstances, viennent anéantir nos espérances les plus belles. De même, pour que les abeilles puissent prospérer et recueillir beaucoup de miel, il faut une contrée qui produise une grande quantité de fleurs, une saison favorable pour la miellée. De plus, il faut aux abeilles des jours propices pour recueillir le miel. Les fraîcheurs, les vents du nord, les pluies continues font périr souvent les trois quarts de la récolte d'une saison. Les jours chauds, calmes, où le vent du midi ne souffle pas avec violence, sont ceux où les abeilles travaillent avec facilité. Les fraîcheurs les engourdissent, et les gros vents les retardent dans leur vol. Dans les beaux jours, lorsque les colzas ou les blés noirs sont en grande floraison, on voit des ruches fortes augmenter en poids de trois ou quatre kilogrammes par jour; mais dès que le vent du nord ou la pluie arrive, ces brillants travaux cessent, et les ruches diminuent de poids.

André. — Je comprends, monsieur le curé, qu'une bonne contrée est nécessaire pour que les abeilles puissent recueillir beaucoup de miel; mais on ne peut pas toujours avoir une bonne contrée, comme on ne peut pas toujours avoir de bonnes terres.

M. le Curé. —Je le sais, André; dans ce cas, on fait pour le mieux, et on reçoit des abeilles ce qu'elles peuvent donner. Vous avez un champ d'une médiocre qualité; vous ne négligez pas pour cela de le cultiver, bien que vous sachiez qu'il vous rendra la moitié moins qu'un autre.

François. — Non seulement on ne le néglige pas, mais on le travaille même avec beaucoup plus de soin que celui qui est bon, parce qu'il en a plus besoin.

M. le Curé. — Agissez de même envers vos chères abeilles. Si vous n'avez pas une excellente position, donnez-leur plus de soin, au lieu de les négliger.

André. — Qu'est-ce qui fait les bonnes positions?

M. le Curé. — C'est la grande quantité de fleurs comme vous en voyez dans ces magnifiques champs de navette ou de blé noir. Dans les pays où l'on ne cultive que le blé, la vigne, et où il n'y a pas de bois, la position est bien médiocre. Dans les pays où il y a de grandes prairies, des bois, où l'on cultive les colzas, toutes les plantes oléagineuses (celles dont les graines servent à faire de l'huile) ; dans les contrées où le sol est léger et favorable à la culture du blé noir, la position est excellente pour les abeilles. Aujourd'hui on fait beaucoup de prairies artificielles ; outre que cette méthode est très-bonne pour l'agriculture, elle améliore aussi le sort des abeilles, car elles tirent une grande quantité de miel très-délicat des plantes fourragères : trèfle, esparcette, sainfoin, etc. Je ne parle pas des montagnes, où, sans le travail de l'homme, la nature leur fournit, en grande quantité, un nectar délicieux. Voilà, mes amis, ce qu'on entend par une bonne position.

Maintenant il est nécessaire que je réfute ici un préjugé populaire très-répandu dans les campagnes, et qui peut avoir de funestes conséquences. Ce préjugé, le voici : *Les abeilles réussissent d'autant mieux qu'on en prend moins de soin.*

André. — Je me suis bien laissé dire cela quelquefois.

M. le Curé. — Pour moi, André, je n'entendrais pas une telle absurdité sans la relever; car je suis convaincu que les habitants des campagnes qui possèdent des abeilles en retireraient deux fois et même trois fois plus de profit, s'ils voulaient écouter quelques bons conseils et donner à leurs abeilles des soins intelligents.

André. — D'où vient donc, monsieur le curé, que des ruches placées derrière un buisson ou couvertes de ronces réussissent quelquefois mieux que d'autres tenues bien proprement dans un joli rucher ?

M. le Curé. — Cela tient à plusieurs causes sur lesquelles ceux qui ne prennent pas soin de leurs abeilles sont bien aises de fermer les yeux, pour n'avoir pas trop à rougir de leur inconcevable négligence. Ces ruches couvertes de ronces réussissent, non pas parce qu'elles sont mal tenues, mais parce qu'elles sont dans une excellente position. Environnées de magnifiques champs en fleurs, les abeilles de ces ruches n'ont que peu d'espace à parcourir pour recueillir du butin en abondance, tandis que celles des ruches bien tenues, se trouvant dans une mauvaise position, sont obligées de parcourir plusieurs kilomètres pour rencontrer quelques fleurs. N'auriez-vous pas plus vite rempli votre grenier si vos récoltes étaient autour de votre maison que si vous étiez obligé de faire plusieurs kilomètres pour aller les chercher ?

André. — Evidemment, monsieur le curé ; je n'avais pas pris garde à cette raison.

M. le Curé. — Outre cela, André, il n'est pas rare de trouver des hommes qui croient savoir très-bien soigner les abeilles et dont la science est peu de chose. Ils n'ont jamais pesé une ruche ni réuni deux essaims ; plus leurs abeilles essaiment, plus ils sont heureux. Ils ne craignent jamais de les faire périr en leur prenant trop de miel. Qu'arrive-t-il ensuite? Ils voient, dans certains hivers, périr les deux tiers de leurs ruches, tandis que ceux qui ne s'occupent nullement de leurs abeilles conservent au moins parmi leurs ruches celles où les provisions sont emmagasinées depuis quatre ou cinq ans. Voilà ce qui a pu accréditer cette erreur que moins on prend soin des abeilles, mieux elles réussissent.

FRANÇOIS. — Lorsqu'on sait bien soigner ses abeilles, n'en perd-on jamais point?

M. LE CURÉ. — Très-rarement quand on a soin de tenir ses ruches fortes. Mais quand on néglige ce point important, on voit, quand les hivers sont un peu longs, périr dans quelques ruchers jusqu'à quarante et cinquante ruches. Cette perte est considérable. Eh bien! si le propriétaire d'un de ces ruchers avait été un peu prévoyant et instruit, il aurait pesé ses ruches au mois d'octobre; toutes celles qui n'avaient pas de provisions pour passer leur hiver, il les aurait réunies, comme cela est tant recommandé; il aurait formé quinze à vingt bonnes ruches qui, au printemps suivant, lui auraient donné de bons essaims et d'abondantes provisions: tandis que, ne voulant pas écouter de bons conseils, il a perdu ses abeilles et la grande quantité de miel qu'elles ont consommé avant de périr.

François. — Il n'y a rien à répondre à de si bonnes raisons. Mais il y a une chose que j'ai observée et que je puis dire : c'est que les paysans sont bien entêtés dans leurs idées, et qu'il n'est pas facile de leur donner et de leur faire admettre des idées meilleures que les leurs. Cependant, monsieur le curé, vos deux disciples ici présents ne veulent pas être du nombre des entêtés. Veuillez maintenant nous parler du rucher et de son exposition.

M. le Curé. — 1° Tous les vrais connaisseurs conseillent d'exposer les ruches au levant ; car plus le soleil donne de bonne heure sur l'entrée des ruches pour exciter les abeilles à voler au butin, mieux cela vaut. Si on est forcé de les exposer au midi, il faut les placer à l'ombre de quelques arbres, ou du moins leur donner un peu d'ombre dans les grandes chaleurs. 2° Il ne faut pas placer ses ruches trop loin de son habitation, parce qu'il faut qu'on puisse les visiter facilement. 3° Les abeilles redoutent les gros vents plus que la pluie ; elles demandent donc à être abritées autant que possible. 4° Il faut éviter de placer son rucher dans un lieu froid et humide, parce que le froid retarde la sortie des essaims et que l'humidité est très-nuisible à la santé des abeilles. 5° Il est important, mais surtout agréable, de pouvoir circuler librement autour de son rucher. En effet, un rucher n'est commode qu'autant qu'on peut passer par derrière pour prendre son miel et faire toutes ses opérations. Si on est obligé d'ouvrir ses ruches par devant, on se trouvera bientôt au milieu d'un nuage d'abeilles qui incommodent, et, de plus, on est très-exposé à en être piqué. 6° Pendant qu'on n'a que quelques ruches, on peut se contenter de placer sur chacune d'elles un capuchon en paille qui se fait comme il suit : on lie une certaine quantité de paille du côté des épis, on l'étend sur la ruche, et on la fixe avec un cercle en bois ou en fil de fer. 7° Lorsque vous avez déjà acquis quelque expérience, et que vous voyez que vos abeilles prospèrent, il faut songer à vous construire un rucher ; mais je veux que vous le fassiez d'une manière économique. Préservez-vous de l'illusion de ceux qui commencent par faire un grand rucher avant d'avoir deux ou trois ruches pour les y mettre.

André. — Qu'est-ce donc que vous entendez, monsieur le curé, par un rucher économique ?

M. le Curé. — Je veux que vous ayez assez d'esprit pour faire votre rucher vous-même. Je veux que vous le fassiez avec des matériaux qu'on a toujours sous la main à la campagne. On forme un toit avec de la paille et des perches, et on le fixe sur de gros piquets. Si on fait un toit qui ne tombe que d'un côté, il est facile à faire ; si on le fait tomber des deux côtés, on trouve partout des modèles de cette charpente. Si vos abeilles réussissaient à souhait et vous donnaient de grands bénéfices, alors je vous permettrais d'appeler un maître menuisier pour leur faire un beau rucher. Dans ce cas, faites en sorte d'isoler votre rucher de la terre pour que les fourmis, les limaces, etc., ne puissent monter vers vos ruches. Voici le moyen qui est employé pour atteindre ce but. Chaque pièce de bois qui supporte le rucher repose sur une pierre assez grande ; on creuse dans chaque pierre une espèce de fossé tout autour de chaque pied du rucher, et on le remplit d'eau. De cette manière tout passage est intercepté. Les ruches sont placées sur des chevrons qui reposent sur les deux extrémités du rucher, ou qui sont soutenus par la charpente du toit.

En suivant ces divers conseils, mes bons amis, vous agirez avec prudence, vous ne ferez pas de dépenses inutiles, et si vous ne réussissez pas autant que vous le désireriez, au moins vous serez à l'abri de tout regret.

ENTRETIEN ONZIÈME.

Des essaims.

M. LE CURÉ. — Aujourd'hui, mes bons amis, je vais vous parler des essaims ; mais il y a tant à dire sur ce sujet, que j'aurais besoin de vous voir plus d'une fois pour vous en instruire complètement.

ANDRÉ. — Vous êtes trop bon, cher pasteur, de prendre tant de peine pour nous donner quelques connaissances. C'est un plaisir pour nous de venir vous voir et vous entendre ; ne craignez donc pas de nous ennuyer.

M. LE CURÉ. — Eh bien ! commençons. N'êtes-vous pas curieux, mes amis, de savoir ce qui se passe dans une ruche, surtout à l'époque des essaims?

FRANÇOIS. — La curiosité n'est pas notre défaut, mais celle-ci nous paraît avoir un véritable intérêt.

M. LE CURÉ. — Rien de plus intéressant en effet, car nous trouvons dans une ruche d'excellentes leçons d'ordre, de travail, de soumission et de dévouement au bien commun.

Je vous ai déjà dit qu'il n'y a dans une ruche qu'une reine qui gouverne toute la population, et que ses sujettes environnent de soins, de respect et d'amour. La reine-mère fait toute la vie et l'espérance de ce petit peuple. C'est elle seule qui pond des œufs ; et admirez sa prodigieuse fécondité : lorsqu'elle est environnée d'une forte population, elle peut pondre jusqu'à soixante mille œufs par an. Cette grande ponte fait la prospérité d'une ruche. Comme les abeilles ouvrières périssent en grand nombre chaque jour en allant butiner, il est nécessaire qu'il naisse chaque jour aussi un grand nombre d'ouvrières pour réparer ces pertes.

Maintenant comment se forment les essaims? Je vais vous lire là-dessus les observations de M. Frarière, qu'il dépeint avec un beau et charmant langage :

« Le printemps est de retour ; les pêchers, les amandiers, les abricotiers, revêtus de leur éclatante parure de fleurs, invitent les abeilles, par un doux parfum, à venir s'enivrer du nectar que distillent leurs ovaires. Il n'est point d'homme qui puisse assister au réveil de la nature sans être ému d'un sentiment indéfinissable. L'apiculteur semble lui-même se réveiller d'un long sommeil, lorsqu'il voit, aux premiers beaux jours, son rucher sortir de l'engourdissement et renaître à la vie. Regardez cette abeille, heureuse d'être enfin délivrée de sa longue captivité, s'élancer dans les airs, et bientôt après rentrer, chargée de deux petites pelotes ou roses, ou bleues, ou jaunes. Elle s'arrête un instant à la porte de son habitation, puis se précipite au milieu de ses sœurs. C'est alors à qui la déchargera : l'une s'empare du fardeau qu'elle rapporte dans ses corbeilles et le transporte dans les magasins ; l'autre se dépêche d'en avaler une portion pour en préparer la bouillie que les petites larves attendent avec impatience. A peine déchargée des provisions qu'elle a récoltées, cette abeille va se suspendre à celles qui, comme elle, ont déjà travaillé pour la communauté et jouissent de quelques instants de repos, pendant que le miel se perfectionne par le travail intérieur de leurs organes.

« Tout dans la ruche a repris un aspect animé ; des centaines d'ouvrières réparent les dégâts que peut avoir causés quelque animal introduit dans l'habitation, pendant que le froid paralysait leur vigilance. D'autres construisent des cellules plus grandes que celles qui leur servent de berceau ; ces cellules sont destinées aux mâles. La reine, redoublant d'activité, et dont la taille s'est arrondie depuis quelques jours, se dispose à commencer la grande ponte dont elle doit se délivrer avant d'accompagner la partie de la population qui n'attend que la ponte des mâles pour fonder une colonie nouvelle.

« Chaque jour il naît des centaines d'abeilles. La population, qui avait été décimée plus d'une fois depuis son établissement dans la ruche, commence à faire entendre ce bourdonnement joyeux, précurseur d'une nouvelle émigration.

« Enfin le nombre d'abeilles devient si considérable, que, dans les heures chaudes de la journée, quelques abeilles prennent leur repos au-dehors, à l'ombre du panier, ou suspendues au tablier de la ruche. Le matin, lorsque le soleil brille de tout son éclat, les jeunes abeilles sortent de leur habitation, se balancent un moment dans les airs, et forment ce que les apiculteurs nomment un soleil d'artifice. C'est l'indice de la prochaine sortie d'un essaim. Ce qui se passe intérieurement est digne de toute l'attention des observateurs qui veulent étudier les abeilles et connaître les périodes les plus intéressantes de leur existence. C'est au moment où plus que jamais la reine est entourée de soins, d'hommages, ou plutôt de l'affection la plus vive ; au moment où règne l'abondance, où rien ne peut faire prévoir que la source de ces richesses doit tarir, qu'elle prend tout à coup la détermination d'abandonner à jamais ce qui jusqu'alors a fait son bonheur. Quel est le motif impérieux qui oblige cette reine, cette mère, à renoncer au séjour qui lui plaisait tant, à s'éloigner de ses sujets ? Pour le connaître, il est nécessaire de suivre, pour ainsi dire pas à pas, les occupations de cette reine et le développement de ses passions.

« Dans le temps où la reine est le plus occupée de sa ponte de mâles, les ouvrières construisent un plus ou moins grand nombre de cellules de formes et de dimensions bien différentes de celles qui sont destinées à servir de berceau aux abeilles ordinaires et aux faux bourdons. Ces cellules, nommées cellules royales parce qu'elles sont uniquement consacrées aux jeunes reines, sont placées et suspendues en forme de stalactite aux bords des chemins qui servent de communication entre les gâteaux (*fig.* 27). Leur forme a quelque rapport avec la capsule d'un gland, et, après leur achèvement, elles ressemblent assez à une poire allongée suspendue par le gros bout. Leur nombre varie, sans causes connues, depuis trois ou quatre jusqu'à vingt. Cependant j'ai reconnu qu'en général il y en avait un grand nombre dans les ruches très-peuplées, et très-peu dans celles dont la population est faible (1).

« Lorsque les ouvrières ont construit un certain nombre de cellules royales, la reine dépose un œuf dans chaque cellule ; elle n'attend pas que le berceau royal ait atteint toute sa longueur, qui est de deux à trois centimètres. Il suffit qu'il soit à moitié.

« Les abeilles ouvrières ne donnent pas plus de soins apparents aux jeunes larves destinées à se métamorphoser en reines qu'aux autres ; mais un fait des plus singuliers, c'est que la gelée destinée aux jeunes reines n'est point de la même nature que

(1) Voyez la figure 27e. N° 1 : cellule royale préparée pour la ponte de la reine. N° 2 : cellule royale sur le point d'être fermée. N° 3 : cellule royale au moment du départ de l'essaim. N° 4 : cellule royale à l'état de démolition.

celle qu'elles donnent aux larves ordinaires : cette gelée a un goût, une saveur assez agréable, et qu'on pourrait comparer à celui de la gelée de groseille, tandis que les larves ordinaires reçoivent une nourriture fade, ayant le goût de la colle à bouche. » Ne trouvez-vous pas tout ceci bien intéressant, mon cher André ?

André. — Oui, monsieur le curé. Lorsque j'ai étouffé mes ruches, j'avais bien remarqué dans mes vieux rayons cette espèce de capsule de gland, mais je ne savais pas que c'était là qu'une reine avait pris naissance.

M. le Curé. — Vous voyez que deux choses contribuent à la formation d'une reine : le logement où elle croît et la nourriture qui lui est donnée. Maintenant comment arrive la sortie des essaims ? Ecoutez encore les judicieuses observations de M. Frarière :

« Quelques jeunes reines sont prêtes à éclore ; la vieille mère, qui jusqu'alors avait été traitée par la population entière avec une affection presque sans égale, se voit tout à coup environnée de froideur et d'indifférence. Ses sujettes ne se dérangent pas pour la laisser passer. Pas une d'elles ne lui offre le miel qu'elle est habituée à recevoir ; c'est en vain qu'elle tend sa trompe, elles font semblant de ne pas remarquer son désir de manger. Après s'être en vain adressée à quelques ouvrières, elle s'arrête auprès d'un alvéole qui contient du miel, et, pour la première fois peut-être, elle est obligée de prendre elle-même la nourriture dont elle a besoin. Pauvre reine! A voir sa taille amincie, son air inquiet, on croirait qu'elle est malheureuse d'être ainsi délaissée. C'est en vain qu'elle parcourt la ruche en tous sens : plus de cercle empressé, plus d'honneurs; elle serait couverte de poussière que pas une abeille ne voudrait se donner la peine de la brosser; elle mourrait de faim, qu'on ne lui offrirait pas la moindre petite goutte de miel. Cette conduite de la part des abeilles est d'autant plus singulière, que cette reine a le pouvoir de les affecter encore en produisant sur elles un effet des plus extraordinaires et dont je n'ai jamais compris la raison et le but. Après avoir parcouru divers endroits de la ruche avec une précipitation dont on ne l'aurait pas crue capable, elle s'arrête de temps en temps et se met à chanter. Aussitôt que les abeilles entendent la voix de leur reine, elles suspendent toute espèce d'occupation; toutes baissent la tête et se tiennent pendant un moment dans cette attitude; plusieurs éprouvent un tremblement particulier, et presque toutes branlent la tête de l'air le plus comique.

« L'agitation de la reine qu'observait M. Frarière allait croissant; elle courait d'une cellule royale à l'autre, sans se donner la peine de les ouvrir. Les abeilles commençaient aussi à parcourir leur habitation comme des folles; quelques unes s'échappèrent de la ruche et tourbillonnèrent au-dessus de leur panier. Tout à coup il se fit un grand silence : la reine s'était précipitée en bas de la ruche, et les abeilles se livraient au pillage. Elles perçaient les cellules contenant du miel et en mangeaient tant qu'elles pouvaient. Bientôt elles sortirent et suivirent celles qui, par un bourdonnement clair, paraissaient les appeler au-dehors. En un moment la ruche fut presque abandonnée, toutes les abeilles qui s'y trouvaient alors ayant suivi la reine qui venait de quitter sa demeure. Ce fut ainsi que se forma le premier essaim.

« Cinq jours après le départ du premier essaim, une des jeunes reines fut en état de prendre son essor. Mais pendant ces jours de captivité, elle se mit à chanter ; ce qui parut étonner toute la population ailée, car il se fit un moment de silence général. Il me fut impossible de savoir les désirs exprimés par ces chants ; tout ce que je puis dire, c'est qu'ils me parurent avoir beaucoup de rapport avec le chant des grosses sauterelles vertes, ou plutôt, mais avec un timbre de voix proportionné à leur taille, à celui de certaines grenouilles vertes, qui se tiennent sur les arbres, et qui se font entendre surtout lorsqu'il doit pleuvoir... Aussitôt que la jeune reine fut en liberté, son premier mouvement fut de grimper sur l'élévation que formait l'alvéole d'où elle sortait. Alors elle croisa ses ailes, auxquelles elle donna une légère vibration, et elle chanta encore, mais cette fois d'un ton si plaintif, que toutes les abeilles suspendirent leurs travaux et baissèrent la tête tout en la branlant d'un air consterné. Réellement, il faut avoir vu ce spectacle singulier pour se faire une idée de son étrangeté; mais il sera, je crois, à jamais impossible de savoir ce que signifient ce chant, cette posture, et quel genre d'influence il exerce sur la population entière. »

Bientôt il se passe pour un second essaim ce qui s'est passé pour le premier : une nouvelle reine chante dans son alvéole; la reine qui est au pouvoir cherche à détruire sa jeune rivale; les ouvrières défendent cette pauvre captive qui ne peut elle-même se défendre; l'agitation devient grande dans la ruche, et le second essaim a lieu. La même chose arrive pour un troisième, quatrième et même cinquième essaim, jusqu'à ce qu'une des reines ait détruit toutes ses rivales.

« D'après cet historique de la formation des essaims, dit M. Frarière, il est facile de comprendre quelles sont les causes qui engagent la reine-mère à s'enfuir de la ruche qui renferme un aussi grand nombre de rivales. Il est vrai que rien ne l'empêche de les détruire, ce qui a toujours lieu lorsque le temps est à la pluie plusieurs jours de suite; car il est certain alors qu'il ne se forme plus d'essaims. Sur un certain nombre de ruches, il s'en trouve toujours quelqu'une dont les dispositions sont ainsi contrariées. On attribue faussement à d'autres causes ce qui n'est que l'effet du hasard. »

ENTRETIEN DOUZIÈME.

Des essaims printaniers.

M. le Curé. — Vous voilà, mes bons amis, en pleine connaissance avec M. Frarière, puisque je vous ai fait hier sur son livre une si longue mais si jolie lecture. Je vous dirai encore que personne n'a mieux démontré que lui l'avantage des essaims précoces. Ecoutez son excellente démonstration :

« Un essaim parti quelque temps avant un autre produit souvent le double en miel et en cire dans le cours de la saison. Je dois prouver la vérité de ce que j'avance, non pour satisfaire les personnes qui ont observé les abeilles avec attention, elles ont pu s'en convaincre par elles-mêmes, mais pour la satisfaction et l'instruction de celles qui n'ont pas encore des notions précises à ce sujet. Un bon essaim pèse ordinairement de 2 kilogrammes 500 grammes à

3 kilogrammes (de cinq à six livres). Un kilogramme d'abeilles vivantes et bien approvisionnées, comme lorsqu'elles quittent la ruche-mère, se compose environ de sept mille abeilles. Ainsi la population d'un fort essaim peut aller de quinze à vingt mille individus ; car il faut encore défalquer plus de 500 grammes (une livre) de miel dont elles ont rempli leur vésicule. Or, dans les journées les plus favorables à la sécrétion du miel, et ces journées peu nombreuses finissent ordinairement avec le mois de juin, on a remarqué que les abeilles rapportent à peu près leur pesant de miel et de pollen en faisant trois ou quatre voyages.

« On pourrait croire qu'il est fort difficile de vérifier cette assertion, et cependant rien de plus aisé. Voulant comparer le résultats des quêtes que les abeilles font dans les jours les plus favorables de l'année, et savoir au juste ce qu'une ruche bien peuplée pourrait récolter de miel dans un jour, j'avais imaginé de placer quelques ruches sur une espèce de balance, et chaque jour je prenais note de l'augmentation ou diminution de pesanteur de mes ruches, que je pouvais apprécier, à quelques grammes près, au moyen de poids que j'ajoutais ou retranchais. Je savais aussi très-sûrement la consommation nocturne des abeilles et à combien se montait le produit de leurs courses journalières. On voit qu'il était bien facile de vérifier, en comparant ces ruches en expérience les unes avec les autres, quelle était la différence, toute proportion gardée, des produits d'une ruche faible avec ceux d'une ruche bien peuplée.

« D'après mes expériences, je puis établir les calculs suivants. Supposons un essaim établi dans sa nouvelle demeure le 20 mai : s'il pèse 2 kilogrammes 500 grammes (cinq livres), et qu'il y ait du 20 mai au 20 juin dix jours de grandes récoltes, dix de médiocres et dix autres à peine suffisantes pour la subsistance de la peuplade, la récolte totale s'élèvera à 30 kilogrammes, dont il faut retrancher la moitié qui aura servi à la nourriture du couvain et des abeilles. Restent donc 15 kilogrammes. Eh bien ! ces 15 kilogrammes seront évidemment le bénéfice que l'essaim précoce aura produit en sus de ce qu'aurait rapporté un essaim sorti un mois plus tard.

« Là ne se borne pas l'avantage que le premier essaim peut avoir sur l'autre. Les provisions étant abondantes et les abeilles nombreuses, elles auront construit des édifices en suffisante quantité pour élever tous les œufs pondus par la reine.

« Si cette reine est féconde, elle pond de deux à trois cents œufs par jour, quantité énorme, mais qui n'est point exagérée, puisque, dans une bonne année, une reine peut produire suffisamment pour envoyer jusqu'à quatre colonies fortes l'une dans l'autre de dix mille individus. Dans les années très-favorables, la ponte s'élève même quelquefois jusqu'à soixante mille œufs.

« L'on doit considérer comme une chose positive

qu'il faut douze mille abeilles pour que les travaux ne soient pas interrompus, même dans la saison la plus favorable. Si un essaim est composé de vingt mille individus, non seulement la prodigieuse fécondité de la reine sera utilisée en entier, mais l'excédant de la population sera employé à l'approvisionnement de la ruche. Il est facile de concevoir que 2 kilogrammes d'abeilles faisant chacune, sans qu'aucun des travaux intérieurs de la ruche en souffre, trois et même quatre voyages par jour, la récolte sera bientôt assez abondante pour qu'on puisse en prendre la moitié sans leur nuire.

« Au contraire, l'essaim qui ne quitte la mère que le 20 juin arrive bientôt à une époque où il ne trouve que peu de miel dans le petit nombre de fleurs que le soleil n'a pas desséchées. Les abeilles se trouvent forcées de suspendre les constructions des alvéoles destinés à l'augmentation de la famille. La reine, qui ne peut arrêter sa ponte, passe et repasse devant les alvéoles qui sont à sa disposition. Tous ont déjà des œufs de larves, de nymphes, des provisions. La malheureuse mère, ne sachant où déposer des œufs qui la gênent, fourre la tête dans toutes les cellules où il n'y a que des œufs, pour choisir apparemment le coin le plus favorable, et ne trouve pas d'autre moyen pour en placer de nouveaux que d'en mettre deux ou trois et même quatre ou cinq dans la même cellule. Ces derniers sont des œufs sacrifiés, car les abeilles les mangent sans scrupule aussitôt que le premier déposé est éclos.

La population demeure donc toujours faible et ne travaille que sur une petite échelle. On doit maintenant concevoir pourquoi un essaim qui a quelques jours d'avance a tant de chances de réussite, et convenir que je suis bien fondé à dire que, pour tirer un profit certain des abeilles, il faut, par tous les moyens possibles, tâcher d'en obtenir des essaims printaniers et de n'avoir que des ruches bien peuplées. »

Pendant cette longue mais intéressante lecture, André était impatient d'adresser à M. le curé une question pratique. Il lui dit donc : Bon pasteur, je reconnais la vérité de ce que ce monsieur raconte. J'ai observé par moi-même les avantages des essaims printaniers ; car, comme dit le proverbe : Essaim de mai vaut vache à lait. Mais comment faire pour avoir ces précieux essaims printaniers ? Voilà, monsieur le curé, ce que vous aurez la bonté de nous apprendre.

M. le Curé. — Bien volontiers, mes amis. Voici donc ce que mon expérience m'a appris :

1° Une ruche très-grande n'essaime pas ou n'essaime que très-tard. Il ne faut donc pas tenir ses ruches trop grandes. Ceci est facile à obtenir avec mes ruches. 2° Il n'y a que les ruches bien approvisionnées et bien peuplées qui puissent essaimer de bonne heure. Par conséquent il faut pourvoir à cela dès l'automne, quand on fait la récolte du miel et qu'on réunit les ruches faibles. 3° Une exposition bien chaude peut avancer de quinze jours et même d'un mois la sortie des essaims. Les arbres en bonne exposition donnent des fruits plus précoces que les autres. Il en est de même d'une basse-cour qui est exposée à la chaleur du soleil. Pourquoi n'en serait-il pas de même des abeilles quand leur ruche est remplie de provisions pour élever le couvain ? La reine, excitée par la chaleur, devra faire plus tôt sa ponte d'œufs de bourdons ; les abeilles ouvrières construiront plus tôt les cellules royales, et tout sera prêt pour que l'essaim parte dans les premiers beaux jours. La justesse de mon observation repose sur un fait incontestable que je remarque depuis plusieurs années. Mon jardin est clos au midi par un vieux rempart haut de dix mètres. Dans une espèce de niche creusée dans ce mur, le jardinier de mon voisin a placé quelques ruches assez mal tenues ; mais leur exposition est aussi chaude qu'il soit possible de l'imaginer pendant l'hiver, à moins de les placer dans une serre. Or, ces ruches, qui ne sont qu'à 30 mètres des miennes, essaiment quinze jours et même un mois avant les miennes. Je ne crains donc pas de dire que, pour avoir des essaims primes, il faut tenir ses abeilles le plus chaudement possible.

M. Frarière considère aussi comme de la plus grande importance le renouvellement des reines. Je suis entièrement de son avis : « Les essaims conduits par de très-vieilles reines, dit-il, dépérissent souvent sans qu'on en sache la raison. Il arrive quelquefois que de très-beaux essaims très-printaniers se trouvent, contre toute probabilité, moins forts que d'autres plus retardés et même plus petits, et dépérissent sans qu'on sache pourquoi : cela tient uniquement à la faiblesse de la reine. »

Les reines ne vivent environ que quatre ou cinq ans. Leur seconde année est celle où elles pondent des œufs en plus grande quantité. A cette époque, elles sont vives, brillantes, d'une couleur d'or bruni très-prononcé, et lorsqu'elles se livrent des combats entre elles, elles sont ordinairement plus fortes que celles qui sont plus âgées. Il y a donc souvent intérêt à réunir deux ou plusieurs essaims, afin de provoquer des duels qui ont toujours pour résultat d'amener la mort des reines les moins vigoureuses et de ne laisser dans les ruches que celles qui peuvent en augmenter la prospérité. » On arrive à cet heureux résultat par la réunion des essaims au printemps et par les réunions qu'on opère en automne en récoltant ses ruches et en réunissant les ruches faibles. Quand on veut s'en donner la peine, il est facile de connaître l'âge de la reine de chaque ruche. On place un numéro sur toutes ses ruches ; puis, dès que les essaims arrivent, on écrit sur un carnet, vis-à-vis des numéros des ruches-mères : *Reine de telle année*, et de même pour les seconds et troisièmes essaims. On est certain que toutes les reines des ruches qui essaiment n'ont que quelques jours d'existence. Il n'y a de difficulté que pour les premiers essaims, mais avec ce petit carnet on remonte facilement à l'acte de naissance des reines qui les accompagnent.

François. — Quel avantage voyez-vous à cela, monsieur le curé?

M. le Curé. — Le voici. Quand vous aurez quelques ruches ou quelques essaims faibles à réunir, vous ferez en sorte de mettre en concurrence une jeune reine avec une vieille, afin que la vieille succombe dans le combat qu'elles se livreront.

En quatrième lieu, lorsqu'on veut prendre une plus grande quantité de miel, au lieu de faire périr les abeilles, comme cela se pratique malheureusement, on peut réunir deux fortes populations ensemble, et en leur laissant des provisions abondantes, on doit infailliblement obtenir les essaims les plus précoces possibles et en même temps les plus forts. Je vous parlerai de ceci plus longuement lorsque je vous expliquerai la manière de réunir les ruches faibles.

ENTRETIEN TREIZIÈME.

De la sortie des essaims et de la manière de les recueillir.

M. le Curé. — Aujourd'hui, mes bons amis, je vais vous parler de la sortie des essaims, de la manière de les arrêter et de les recueillir.

D'abord, quels sont les signes de la prochaine sortie des essaims ? Le signe le plus certain est la perfection des cellules royales. On les aperçoit assez facilement en penchant la ruche sur un côté. Elles sont d'ordinaire pendues aux rayons du centre, et ressemblent, comme nous l'avons dit, à la capsule d'un gland au commencement, et à une petite poire pendue par le gros bout quand elles sont achevées (*fig.* 27). Comme il y a beaucoup d'abeilles en ce moment, on ne peut bien les voir qu'en écartant les abeilles par le moyen de la fumée.

Voici ce que dit Réaumur à ce sujet : « Plusieurs signes annoncent la sortie d'un essaim :

1° La présence des cellules royales fermées, ce qui annonce des reines prêtes à naître. 2° Les faux bourdons qu'on voit paraître dans la ruche annoncent qu'elle devient en état de jeter, et il ne faut pas s'attendre que celle d'où on ne voit sortir aucun de ces mâles donne d'essaim (1). Les bourdons sortent, par un temps chaud, de midi à une heure. 3° Lorsque la ruche est tellement peuplée qu'elle ne peut presque plus contenir ses nombreux habitants. 4° Le signe le plus sûr et qui annonce l'événement pour le jour même, c'est lorsqu'on voit des bourdons voltiger autour de la ruche, tandis que ceux des autres ruches ne pensent pas encore à sortir ; lorsque les abeilles d'une ruche ne vont pas à la campagne en aussi grand nombre que de coutume, quoique le temps semble les y inviter, et lorsque celles qui viennent du butin n'entrent pas dans la ruche pour s'en décharger. 5° Dans les ruches qui essaimeront bientôt, on entend le soir un fort bourdonnement qu'on n'entend pas dans les autres ruches. Si, quelques jours après la sortie d'un essaim, vous entendez le chant des reines, c'est preuve que la ruche vous donnera encore un ou plusieurs essaims. Le second essaim part du huitième au douzième jour après la sortie du premier ;

(1) A toute règle il y a des exceptions : cette année une de mes ruches m'a donné son premier essaim avant que j'y eusse aperçu des bourdons, et trois jours après le massacre des reines, elle m'en a donné un second. Sans doute qu'une des jeunes reines avait échappé au massacre.

le troisième, trois ou quatre jours après le second, et le quatrième, le lendemain du troisième. Quand, après un ou deux essaims, le chant des reines cesse, ou, ce qui est une marque certaine, si on voit de jeunes reines mortes tirées hors de la ruche, c'est preuve qu'elle ne donnera plus d'essaim. Car, vous le savez déjà, lorsqu'une reine peut se débarrasser de toutes ses rivales, elle demeure en possession de son petit royaume et y jouit de la paix la plus profonde. Il y a donc ces deux précautions à prendre : 1° tenir le devant des ruches propre, et quand on aperçoit devant une ruche des reines massacrées, il ne faut plus s'en inquiéter; 2° écouter en plaçant l'oreille contre les ruches-mères pour savoir s'il se prépare encore des essaims dans ces ruches. On ne commence à entendre le chant des reines que quelques jours après la sortie du premier essaim. »

André. — Je suis bien aise, monsieur le curé, que vous nous fassiez part de toutes ces observations ; elles nous aideront à nous tenir sur nos gardes quand viendra la saison des essaims.

M. le Curé. — Je vous indiquerai volontiers toutes les observations qui m'ont réussi et qui peuvent vous être utiles. Vous vous rappellerez donc que les essaims sortent par un temps chaud, moite, pesant, par des coups de soleil brillant, par les temps lourds et orageux. Ils ne sortent guère par les temps froids, sombres, couverts, ni quand le vent du nord se fait vivement sentir.

André. — Je voudrais bien, monsieur le curé, connaître un moyen de faire essaimer mes abeilles, parce que je n'ai pas toujours le temps d'attendre leur volonté.

M. le Curé. — Vous avez bien raison, André, c'est un véritable plaisir de voir essaimer ses abeilles dans un moment où l'on est libre. Je ne puis vous donner des moyens infaillibles, mais je vais vous en indiquer quelques uns qui m'ont réussi très-souvent. On peut accélérer la sortie des essaims de plusieurs heures et même de plusieurs jours, par conséquent les faire partir à une heure favorable en augmentant la chaleur de la ruche. Pour cela, on ferme exactement toutes les ouvertures, et on ne laisse que le passage nécessaire à quelques abeilles. J'ai placé quelquefois sous le tablier de la ruche un plat rempli de braise couverte de cendres, et, après quelques instants, j'ai souvent vu essaimer mes abeilles.

On accélère encore la sortie des essaims en les contrariant, mais ce moyen est plus dangereux ; il faut alors prendre quelques précautions, mettre au moins son masque sur sa tête. En faisant tomber à terre les abeilles rangées en peloton sous la ruche, ou en passant un feuillage sur le groupe qui est à la porte, vous les forcez à s'élever. Je les ai aussi décidées à essaimer en frappant légèrement contre la ruche. On a observé que les abeilles, avant d'essaimer, se gorgent de miel et emportent avec elles des provisions pour plusieurs jours. Quelques auteurs ont imaginé de verser du miel par le haut de la ruche qui se prépare à essaimer. Les abeilles le sucent, et quelques heures après elles essaiment.

André. — Maintenant, monsieur le curé, quel est le meilleur moyen à employer pour arrêter les essaims ?

M. le Curé. — Quand un essaim sort de sa ruche, avant de prendre des précautions pour l'arrêter, laissez-le se former, c'est-à-dire laissez sortir pendant un bon moment les abeilles. En leur jetant trop tôt de la poussière ou de l'eau, vous pouvez les faire rentrer dans leur ruche. Le charivari qu'on fait à la campagne pour les arrêter me paraît fort inutile (1). En général, les essaims, surtout les premiers, s'arrêtent tout seuls, et quand autour du rucher il y a des buissons, des arbres peu élevés, on court moins risque de les perdre. Mais ce danger existe toujours quand les mouches qui composent l'essaim s'élèvent beaucoup en l'air. Le moyen de les faire descendre, c'est de leur jeter à pleines mains du sable, de la poussière, ou bien encore de leur lancer de l'eau avec une pompe de jardin ou simplement avec un balai en feuillage. Ordinairement ces moyens les déterminent à s'abaisser et à se fixer. Quand on ne fait que du bruit, elles vont où il leur convient, tandis qu'en leur jetant de la

(1) L'utilité de ce charivari est de constater le droit du propriétaire. C'est probablement la loi romaine qui a donné lieu à cette coutume.

terre ou de l'eau, on les fait presque placer où l'on veut; il suffit pour cela de leur jeter de la terre du côté où l'on ne veut pas qu'elles aillent, et bientôt elles se dirigent vers le lieu où l'on désire qu'elles se fixent.

Aussitôt qu'elles sont arrêtées, je conseille de leur jeter quelques gouttes d'eau. Leurs ailes étant mouillées, elles ne songent pas à partir si tôt. Mais si elles s'élèvent après la première halte, il est assez difficile de les arrêter. C'est pour cela qu'il faut se hâter de les recueillir pour ne pas s'exposer à les perdre. Mais, pour n'être pas pris au dépourvu, vous devez tenir des ruches prêtes pour la saison des essaims.

Il est essentiel de ne pas laisser prendre à ses ruches une odeur de moisi ; car, en logeant ses abeilles dans des ruches qui ont une mauvaise odeur, on s'expose à les voir déloger.

FRANÇOIS. — Mais, monsieur le curé, que faire pour préserver les ruches d'une mauvaise odeur, ou pour la leur ôter quand elles l'ont?

M. LE CURÉ. — Pour leur ôter une mauvaise odeur, on les fait passer sur un feu clair, ou on les jette dans de l'eau bouillante. Pour qu'elles ne contractent pas une mauvaise odeur, il suffit de les tenir dans un lieu sec. « Pour conserver d'une année à l'autre, dit M. Frarière, sans odeur et à l'abri des ravages des souris et des fausses teignes, même les ruches encore garnies de cire et de miel, il suffit de les envelopper d'une toile claire et de les suspendre dans un lieu bien sec. On ne se fait pas une idée de l'activité des abeilles, lorsqu'elles sont logées dans une ruche où il se trouve ainsi un commencement de construction. »

Dès qu'une ruche est propre et sans odeur, vous pouvez y loger vos abeilles. Cependant il vaut mieux, suivant l'usage, les frotter avec des herbes fortes, comme mélisse, menthe, etc. On avance beaucoup le travail des abeilles en enduisant la ruche de miel, parce qu'elles s'en servent pour construire aussitôt leurs rayons, où la reine pond ses œufs dès qu'ils ont une certaine dimension.

Comme je vous l'ai déjà dit dans notre neuvième entretien, il est extrêmement important que vous connaissiez le poids de votre ruche avec celui de son tablier. Si vous ne connaissez pas le poids de vos ruches, vous ne pouvez savoir ni la force de vos essaims, ni la quantité de miel que vos abeilles ramassent. Pour moi, je mets sur chacune de mes ruches un numéro. J'ai ensuite un petit carnet où, après le numéro de chacune, j'en indique le poids avec celui du tablier, ce qui s'appelle la tare. Je note aussi le poids des abeilles que j'y place, le quantième du mois, etc. A l'automne, je vois ce que mes abeilles ont recueilli, et, après l'hiver, ce qu'elles ont dépensé.

Venons maintenant aux différentes manières de recueillir un essaim. Beaucoup de personnes recueillent leurs essaims sans s'affubler ; mais il est plus prudent de se couvrir au moins le visage quand on doit donner quelques secousses. Faute de cette précaution, il arrive de temps en temps de légers accidents. Cependant les abeilles d'un essaim ne sont pas à craindre, parce qu'elles n'ont ni miel ni couvain à défendre.

Si l'essaim est pendu à une branche, vous avez vu, François, comme j'ai recueilli le vôtre. Je me suis contenté de placer une ruche dessous, et j'ai secoué fortement la branche. C'est l'usage dans les campagnes, quand on recueille un essaim, de prendre les abeilles avec une écumoire ou autre ustensile et de les placer à l'entrée de la ruche. Elles y entrent ordinairement, mais il arrive aussi quelquefois qu'elles s'obstinent à ne pas y entrer. Pour éviter cet inconvénient, il vaut mieux les faire tomber doucement au fond de la ruche avec une petite baguette, ou bien les y jeter par parties avec l'écumoire. Dès que les abeilles seront cramponnées contre les parois de la ruche, on la renverse, on la pose à terre ou sur son tablier. Les abeilles qui sont dedans se mettent aussitôt à sucer le miel, et celles de dehors ne tardent pas à venir les rejoindre.

Si l'essaim est suspendu à une branche élevée, on fixe une ruche légère au bout d'une perche, et l'on secoue la branche avec une autre perche, de manière à faire tomber l'essaim dans la ruche. Vous pouvez aussi vous servir des méthodes suivantes. Quand on trouve un essaim et qu'on n'a pas de ruche avec soi, ou qu'il est très-élevé, si on peut couper la branche où il est fixé, on le place délicatement avec la branche dans un sac. Pour faire l'opération avec plus de sécurité, on place l'essaim dans le sac avant de couper la branche. Si l'on ne pouvait pas couper la branche, ou s'il était inaccessible, on fait une espèce de balai en feuillage qu'on enfonce doucement au milieu de l'essaim. Quand les abeilles y sont toutes groupées, on les met dans le sac. Si on n'a pas de sac, on cherche à en faire un avec ce qu'on a à sa disposition. Mais la manière la plus expéditive et la moins dangereuse pour recueillir un essaim, c'est de le faire au moyen de la fumée. Avec un enfumoir, on gouverne les abeilles comme on veut, et elles ne cherchent jamais à piquer. On les fait sortir promptement du buisson le plus épais et même du creux d'un arbre, d'où il est impossible de les déloger sans cet instrument. Avec la fumée, on dirige les abeilles vers leurs ruches comme des brebis vers leur bergerie. Dès qu'un essaim est entré dans sa ruche, si on ne veut pas le réunir à un autre, il est utile de le porter aussitôt à la place qu'on lui destine.

André. — Je n'ai jamais porté mes essaims à leur place avant la nuit ; quel avantage voyez-vous, monsieur le curé, à le faire plus tôt ?

M. le Curé. — Le voici, André. On évite par là la perte d'un bon nombre d'ouvrières qui, après avoir voltigé un instant autour de la ruche pour se reconnaître, vont tout de suite au travail. Le lendemain elles sortent sans prendre garde où elles ont passé la nuit et reviennent à la place qu'elles ont examinée la veille. Ne trouvant pas leur ruche, après avoir longtemps voltigé, elles périssent de lassitude.

Ce fait prouve qu'il ne faut pas changer les abeilles de place pendant leurs travaux. « Si vous les déplacez, dit Gélieu, vous les mettez dans l'embarras où vous seriez vous-même si, pendant une courte absence, on enlevait votre maison pour la transporter à un quart de lieue de distance. Les pauvres abeilles qui reviennent avec leur charge, ne trouvant plus leur demeure, la cherchent inutilement, tombent de lassitude et périssent, ou bien vont se jeter dans des ruches voisines où elles trouvent la mort. »

Avant de mettre votre essaim en place, vous le pesez pour en reconnaître la force, et vous notez combien il pèse de kilogrammes.

André.—Veuillez, monsieur le curé, nous donner des moyens pour retenir un essaim dans sa ruche une fois qu'on l'y a placé. Quel regret on éprouve lorsqu'il abandonne cette ruche et qu'il fuit loin de nous ! On se trouvait heureux de posséder une ruche de plus, et tout à coup ce bonheur vous échappe.

M. le Curé. — Vous dites vrai, André, ce désappointement est pénible et fâcheux, d'autant plus que c'est une perte. Je vous dirai qu'ordinairement ce contre-temps n'est pas à craindre pour les premiers essaims, surtout quand on tient les ruches propres et sans mauvaise odeur (1). Mais, dans les

(1) J'ai vu cependant de temps en temps des premiers es-

grandes chaleurs, il y a toujours à craindre pour les seconds essaims, qui sont conduits par une ou plusieurs jeunes reines qui ne songent pas à se fixer dans leur nouvelle demeure. Les précautions qu'il faut prendre sont de tenir la ruche bien au frais pendant deux ou trois jours, parce que la chaleur les excite à partir. En second lieu, on ferme toutes les issues de la ruche sans empêcher à l'air d'y pénétrer, car il est bien évident qu'il ne faut pas les étouffer. La remarque que je vous fais n'est pas chimérique : j'ai connu deux personnes intelligentes qui avaient étouffé des essaims prisonniers en oubliant que les abeilles avaient comme nous besoin d'air pour respirer. Il est facile de laisser entrer de l'air dans la ruche en bouchant l'entrée avec une toile claire, ou avec une planchette remplie de petits trous, ou bien encore avec un petit grillage en fil de fer ou toile métallique. Quelques uns font une ouverture au milieu du tablier de la ruche ; ils y placent un grillage, l'air nécessaire aux abeilles pénètre par là, et on peut boucher l'entrée de la ruche sans inconvénient. Pendant que l'essaim est prisonnier, la plus forte des reines met à mort ses rivales, les travaux intérieurs de la ruche se commen-

saims échapper à leurs propriétaires; mais j'ai remarqué que c'était toujours parce qu'ils avaient d'avance choisi une demeure qui les attirait. Ils allaient se loger dans la corniche d'un toit, dans le creux d'un arbre, dans des ruches où les abeilles avaient péri pendant l'hiver, laissant quelques faibles provisions.

cent, et quand on rend la liberté à ses abeilles, elles ne songent plus qu'à la vie sérieuse, qui est de voler au butin.

ENTRETIEN QUATORZIÈME.

De la réunion des essaims faibles.

M. LE CURÉ. — Je vous ai dit, mes bons amis, qu'un excellent moyen pour avoir des ruches fortes, c'est de réunir les essaims faibles ou tardifs. « Ces essaims, dit Gélieu, ne peuvent se tirer d'affaire que dans d'excellentes années. Dans les mauvaises, ils affaiblissent considérablement les ruches qui les ont produits, sans pouvoir subsister eux-mêmes. » Il est donc de la plus grande importance de les réunir.

ANDRÉ. — C'est, monsieur le curé, ce que vous voudrez bien nous apprendre aujourd'hui.

M. LE CURÉ. — Oui, André ; mais avant il faut que je vous fasse quelques observations. Voici la pratique de Radouan que je suis moi-même : « Cinq mille abeilles, dit-il, pèsent environ 1/2 kilog. (1 livre). Un essaim de 1 kilog. 1/2 (3 livres) est faible ; il est médiocre lorsqu'il pèse 2 kilog. (4 livres) ; il est fort quand il pèse 3 kilog. (6 livres). Lorsqu'un premier essaim est sorti au mois de mai d'une ruche, et qu'il pèse au moins 2 kilog., on peut le laisser seul. Pour mon compte, je rends toujours mes essaims très-forts par le mélange, faisant en sorte qu'ils contiennent 6 à 7 livres d'abeilles, et, excepté les essaims de mai et ceux très-forts du commencement de juin que je laisse seuls, je mêle tous les autres pour les former du poids indiqué ci-dessus. J'y trouve l'avantage de m'assurer, non seulement qu'ils passeront bien plus sûrement l'hiver, mais encore de pouvoir quelquefois, au bout d'un mois ou six semaines, leur prendre, sans le moindre danger, plusieurs kilogrammes de miel, et d'avoir la presque certitude d'en obtenir l'année suivante de bons essaims. »

André. — Comment se fait donc la réunion des essaims ?

M. le Curé. — Il y a plusieurs manières que je veux vous indiquer ; vous prendrez celle qui vous sera la plus commode. Pour faire ces opérations, vous attendez au coucher du soleil, ou mieux encore à la nuit close ; en les faisant plus tôt, vos abeilles pourraient s'élever, et vous vous exposeriez à les perdre.

Première manière. — Vous étendez par terre une serviette ; vous prenez la ruche dans laquelle vous avez recueilli votre essaim faible, puis, par le moyen d'une forte secousse, vous faites tomber l'essaim sur le linge ; vous placez aussitôt dessus la ruche dans laquelle vous voulez le faire entrer. Les mouches tombées montent dans la ruche qui les couvre et se joignent aux autres. Si vous voulez joindre un ou plusieurs essaims à ces deux, vous vous y prenez de même.

Deuxième manière. — Vous placez au bout de la serviette la ruche dans laquelle vous voulez placer l'essaim ; vous la soulevez avec quelques cales, puis vous secouez vos mouches devant : elles se précipitent aussitôt dans la ruche qu'elles aperçoivent. Vous devez agir ainsi toutes les fois qu'il y a de nouveaux rayons dans la ruche où vous voulez les réunir, parce qu'il est très-dangereux de les casser en les renversant.

Troisième manière. — Mais quand il n'y a pas de rayons, le mélange est plus tôt fait en renversant la ruche et en précipitant l'essaim faible dedans par un coup sec.

Quatrième manière. — L'opération est encore plus facile par le moyen de ma ruche. On recueille ses essaims faibles dans une demi-ruche munie de deux portes. Pour les réunir, on ôte une porte à chaque demi-ruche, et on en forme une ruche complète.

François. — Mais il me semble, monsieur le curé, qu'elles vont toutes se battre et se tuer.

M. le Curé. — Vous me prévenez, François ; j'allais vous parler de ce danger. Je vous dirai d'abord qu'il n'est pas à redouter lorsque les essaims sont du même jour, du lendemain, et même, dit-on, du surlendemain. Mais dès qu'il y a entre eux un intervalle de quelques jours, il faut prendre des précautions pour éviter le massacre. Ces précautions, les voici : vous enfumez fortement l'essaim qui est depuis quelques jours dans la ruche, et si vous pouvez la détourner doucement, vous y faites une bonne aspersion d'eau miellée ; ensuite vous opérez la réunion comme je viens de vous le dire. Les abeilles du premier essaim étant en état de bruissement et étourdies, n'attaquent pas celles du second, et, quand elles en sortent, il faut qu'elles se nettoient et se débarrassent de l'eau miellée dont elles sont couvertes. La réunion des deux essaims se fait pendant ce temps-là, et, la réunion une fois faite, elles vivent en paix.

FRANÇOIS. — Mais alors, monsieur le curé, que deviennent les reines ?

M. LE CURÉ. — Le lendemain vous en trouvez une des deux morte devant la ruche. Lorsque les deux reines se rencontrent, elles se battent, et la plus faible succombe. Dès qu'elle a reçu le coup de la mort, les abeilles ouvrières la traînent dehors. En allant visiter vos ruches le lendemain des réunions, vous apprendrez facilement à connaître une reine d'abeilles.

Je vous ferai ici une observation très-importante. Il est quelquefois nécessaire d'empêcher la sortie des seconds ou troisièmes essaims, qui affaiblissent considérablement la mère-ruche. Féburier conseille aux cultivateurs qui ont des abeilles dans les cantons médiocres d'empêcher les seconds essaims, ou de les réunir à leur mère-souche. Il pense également que dans les cantons excellents on doit s'opposer à leur sortie, ou au moins à celle des troisièmes essaims.

André. — J'aurais bien voulu connaître ce secret, lorsque j'ai vu mes ruches-mères s'épuiser en essaims et périr ensuite.

M. le Curé. — Voici les moyens d'empêcher la sortie des seconds essaims ou des troisièmes, etc. : 1° On réussit quelquefois en augmentant la grandeur de la ruche ; ce qui se fait en plaçant une division vide entre les divisions pleines, et lorsque tout le couvain est sorti des alvéoles de cette division, on la sort. On atteint par là trois excellents buts : on prend son miel, on renouvelle les rayons de sa ruche, et l'on empêche son second ou son troisième essaim.

2° Un autre bon moyen, c'est de faire un grand vide dans la ruche en enlevant une partie des rayons et en s'emparant d'une certaine quantité de miel. Les ouvrières, forcées de réparer le déficit, négligent la garde des alvéoles royaux ; les jeunes reines en sortent et se combattent jusqu'à ce qu'il n'en reste qu'une.

3° On peut aussi éviter la sortie des essaims en mettant au bout de cinq ou six jours les abeilles en état de bruissement. Pendant le désordre que cela occasionne, les jeunes reines sortent de leurs cellules ; le combat a lieu, et dès qu'il n'y a plus qu'une reine, il n'y a plus d'essaims.

4° Le moyen le plus infaillible, c'est d'enlever les alvéoles royaux quelques jours après le premier ou le second essaim. On peut le faire surtout quand on entend le chant des reines ; on est bien assuré alors qu'une jeune reine s'est emparée du gouvernement et que la ruche se prépare pour un nouvel essaim.

ANDRÉ. — Il me semble, monsieur le curé, qu'il faut perdre beaucoup de temps pour faire tout cela.

M. LE CURÉ. — C'est une erreur, André ; il ne faut que quelques minutes pour mettre les abeilles en état de bruissement, renverser la ruche et enlever les alvéoles royaux qui sont très-souvent au bas des rayons. S'ils sont placés un peu plus haut, on les aperçoit facilement, soit à cause de leur grosseur (*fig.* 27), soit parce qu'ils sont établis sur les bords des rayons ou sur les sentiers par où les abeilles communiquent d'un rayon à un autre. Dès que les cellules royales sont supprimées, on remet la ruche à sa place, et on n'a plus à avoir aucune inquiétude sur cette ruche ; tandis qu'en ne se donnant pas cette peine, on perd son temps pour veiller la sortie de ses essaims, pour les arrêter, pour les recueillir ; de plus, on perd toujours quelques uns de ces essaims volages qui souvent même ne se fixent pas dans la ruche où on les a placés. En outre, la ruche-mère épuisée est quelquefois envahie par la teigne. Ces essaims faibles ne prospérant pas, on est obligé de les réunir avec d'autres, ou bien on les voit périr. Vous voyez, mes amis, que d'embarras ! Il y a donc une grande économie de soucis, de peines et de temps à suivre mon conseil. Mais pourquoi voit-on des difficultés dans les opérations les plus simples? C'est que tout le monde craint l'aiguillon des abeilles, et qu'on ignore qu'avec de la fumée on est à l'abri de tout danger.

François. — Auriez-vous, monsieur le curé, des moyens pour fortifier des essaims faibles?

M. le Curé. — Oui, j'en ai plusieurs que voici : 1° En donnant à un essaim 1 kilog. ou 1/2 kilog. de miel, les abeilles s'empressent de construire des rayons avec ce miel ; la reine pond ses œufs, et toutes les provisions qui sont apportées du dehors servent aussitôt pour élever le couvain. 2° Quand on peut lui donner de jolis rayons de cire qu'on a conservés, on arrive au même résultat. 3° Avec ma méthode, je puis toujours prendre dans la ruche-mère, ou dans une autre ruche, une division pleine de rayons, de miel, de pollen et même de couvain. En donnant ainsi à un essaim des édifices tout garnis de provisions, on le fortifie extraordinairement. J'ai vu des seconds essaims devenir aussi forts que les premiers qui avaient quinze jours en avance avec le double de population, mais qui avaient été placés dans des ruches vides. On conçoit facilement cela. Il faut à un essaim placé dans une ruche vide au moins huit jours pour préparer son nouveau ménage. Le premier miel apporté est employé à la construction des rayons ; la ponte de la reine ne peut pas se faire en grand faute d'alvéoles et de provisions, tandis que quand un essaim trouve des rayons tout prêts, tout de suite la reine pond ses œufs, et les travaux se poursuivent avec une prodigieuse activité.

« Enfin, dit Féburier, si, malgré les soins qu'on s'est donnés, il sortait un second essaim, on le réunirait à la mère-ruche. L'opération est on ne peut plus simple. On met les abeilles de la ruche-mère en état de bruissement, on la renverse, et on la couvre par celle qui contient l'essaim qu'on y fait tomber. Ensuite on met la ruche-mère à sa place, et s'il reste des abeilles dans la nouvelle ruche, on la frappe de nouveau pour les en chasser. Ces ouvrières reconnaissent leur ancienne demeure et y entrent sans difficulté. La reine ou les reines qui étaient avec l'essaim sont tuées dans la nuit, et tout rentre dans l'ordre, à moins qu'il ne reste encore de jeunes reines dans les alvéoles, ce qui déterminerait une seconde sortie. Mais pour éviter cet inconvénient, on enlève, comme je viens de le dire, les cellules royales. Les ouvrières ne courent aucun risque dans cette réunion, parce qu'elles sont connues des autres. Mais il ne faut pas se tromper, parce que l'essaim sorti d'une ruche, rentrant dans une autre, serait en entier massacré. »

N'oubliez pas, mes amis, les diverses observations que je viens de vous faire dans cet entretien ; elles sont d'une grande importance.

ENTRETIEN QUINZIÈME.

Utilité des essaims artificiels. — Manière de les former.

M. le Curé. — Il y a des circonstances, mes bons amis, où il est utile de faire des essaims artificiels ; c'est pour cela que je vais vous en parler.

André. — Voilà quelque chose de bien nouveau pour moi, monsieur le curé ; je n'ai jamais entendu parler de cette espèce d'essaims.

M. le Curé. —On appelle essaims naturels les essaims ordinaires qui sortent de leur plein gré, et on nomme essaims artificiels ou forcés ceux où l'on force les abeilles à sortir de leur ruche ou que l'on fait par séparation, comme je vais vous l'expliquer.

Les essaims artificiels doivent être faits avec beaucoup de modération et de prudence, parce qu'il est toujours dangereux de diminuer dans une ruche le nombre des ouvrières. Il ne faut jamais perdre de vue notre grand principe : qu'une forte population réunie ramasse trois ou quatre fois plus de miel que si on la divise. On agit donc contre ses propres intérêts en multipliant ses ruches au lieu de les fortifier, et on se crée, à pure perte, beaucoup d'embarras pour les loger, pour les réunir ou les nourrir. Voici les cas où il est utile de faire des essaims artificiels : 1° Quand on est exposé à les perdre en les laissant sortir naturellement. Ce grave inconvénient existe surtout près des bois, sur les bords des rivières et dans tous les lieux où il n'y a pas de petits arbrisseaux qui les invitent à se fixer. Quand on est exposé à perdre la moitié ou le quart de ses essaims, il est bien évident qu'il vaut mieux former des essaims forcés qu'on ne perd jamais. 2° Quand on n'a qu'un petit nombre de ruches, il est toujours avantageux de faire des essaims artificiels pour être délivré d'une surveillance assidue et de tous les embarras qu'entraîne l'essaimement naturel. 3° En faisant des essaims artificiels de bonne heure, on jouit de l'immense avantage d'avoir des essaims plus précoces, et on obtient des essaims de toutes les ruches très-peuplées. Les pluies, le mauvais temps retardent souvent l'essaimage ordinaire ; mais dans quelque temps que ce soit, on peut toujours faire des essaims forcés. Enfin Bosc, qui est grand partisan des essaims artificiels, s'exprime ainsi : « L'avantage de n'être pas obligé d'employer du temps à attendre la sortie naturelle des essaims, de n'être pas obligé de leur courir après pour les forcer de s'abattre et de se fixer dans l'enceinte de sa propriété, de ne pas craindre de les perdre, et surtout d'avoir des essaims hâtifs, cet avantage est si grand qu'il est surprenant que la totalité des possesseurs de ruches s'en tiennent encore à l'ancienne routine. De plus, il est bien plus agréable de ne s'occuper de ses essaims que dans ses moments de loisir. »

Cependant, mes chers amis, il ne faut rien exagérer. Il est certain qu'il y a quelquefois des avantages à faire des essaims artificiels, mais il est certain aussi qu'on nuit à ses ruches dès qu'on en diminue trop la population, tout comme les abeilles se nuisent à elles-mêmes quand elles essaiment trop. « On ne doit donc pas faire légèrement ces opérations, dit Radouan. Il ne faut extraire les essaims artificiels des ruches que lorsqu'elles doivent donner très-prochainement leurs essaims naturels, que les ruches sont pleines de rayons, lourdes, très-peuplées, et que les mouches paraissent travailler avec beaucoup d'activité. D'ailleurs on peut toujours opérer sans crainte, lorsqu'on voit les cellules royales qui sont toujours pendues sous les rayons du centre, ou bien lorsque les bourdons sortent de la ruche. »

André. — Je commence bien à comprendre, monsieur le curé, tout ce que vous venez de nous dire ; mais ces essaims forcés me paraissent bien difficiles à faire.

M. le Curé. — Je vous avoue, André, que les essaims artificiels étaient assez difficiles à faire d'après les anciennes méthodes, mais ils sont trop faciles avec ma ruche ; c'est pour cela que je ne voudrais pas qu'on en abusât. En effet, il s'agit de diviser la ruche en deux, de mettre la moitié d'une ruche vide de chaque côté, et vous avez deux ruches.

ANDRÉ. — C'est vrai, il me semble que cela est facile à faire et qu'il ne faut pas beaucoup de temps pour cela.

M. LE CURÉ. — D'autant plus qu'on ne fait cette opération que le soir à nuit close, lorsque toutes les abeilles sont rentrées et qu'elles ne peuvent plus s'élever. Cela convient parfaitement aux cultivateurs qui ne sont libres qu'à cette heure. Passons donc toutes les vieilles méthodes sous silence, et ne parlons que des essaims par séparation. Je vais vous lire les méthodes de Radouan et de Féburier. Vous verrez comment ils opèrent et les précautions qu'ils prennent.

PROCÉDÉ DE RADOUAN.

« Pour faire des essaims artificiels avec mes ruches, dit-il, on met d'abord la ruche, qui doit être lourde et très-peuplée, en état de bruissement. On la divise en deux parties égales ; on éloigne la partie la plus peuplée ; on y ajoute une partie vide garnie de son volet ; on la ferme par le bas avec une toile de canevas ; on la pose ainsi à l'air sur quatre pieux ; on ajoute de même à la partie restée en place une portion vide garnie de son volet. (Cette ruche continue à travailler comme si rien ne lui était arrivé.) On porte ensuite la portion où sont les abeilles renfermées dans un bâtiment très-sombre, mais cependant bien aéré ; on les y laisse environ trente-six heures y compris les nuits. Avant de leur donner la liberté, on met la ruche pendant dix à quinze minutes sur le tabouret fumant pour faire oublier aux abeilles leur ancienne position. L'état de bruissement suffisamment prolongé fait oublier aux abeilles leur ancienne place, ou du moins les empêche d'y retourner. »

PROCÉDÉ DE FÉBURIER.

Voici le procédé de Féburier qui vaut mieux :

« On examine l'état des ruches, dit-il, et quand on les trouve propres à former des essaims, c'est-à-dire quand la population est nombreuse, qu'il y a des mâles et qu'il s'y trouve des alvéoles royaux garnis de leurs couvercles de cire, on peut faire ses essaims par séparation. Pour y parvenir sûrement, on fait attention au côté où l'on a remarqué des alvéoles royaux en plus grande quantité. On frappe légèrement de l'autre côté pour y attirer la reine, ensuite on met les abeilles en état de bruissement. Alors on divise tranquillement la ruche en deux parties, on chasse les abeilles derrière les rayons du centre, en soufflant de la fumée entre les deux rayons au moment où l'on divise la ruche. On prend deux parties de ruches vides, et on en joint une à une partie pleine. On les applique doucement l'une contre l'autre, en rapprochant un côté et puis l'autre comme les pages d'un livre. Si quelques abeilles se présentent, on les écarte avec de la fumée pour ne pas les écraser au point de la jonction. On a deux ruches à moitié vides, égales en nombre d'abeilles, de couvain et même de provisions. On commence par clore et lier la ruche où est la reine, et on la porte aussitôt à la place indiquée. Pour faire les essaims par séparation, il faut choisir le grand matin ou le soir. Si le temps est assez mauvais pour empêcher les abeilles de sortir, on peut les faire toute la journée.

« On conçoit facilement, continue Féburier, qu'on emporte toujours la partie de la ruche la plus garnie d'abeilles, et qu'on remet à la place de la ruche celle qui en contient le moins, qui doit être le rendez-vous de toutes les ouvrières absentes. On voit aussi pourquoi je conseille d'enlever la mère. Elle retient des ouvrières dans la ruche déplacée, dont beaucoup pourraient retourner à la partie restée en place si elles ne l'avaient pas avec elles, au lieu que les autres, ignorant où est leur reine, ne peuvent la rejoindre, et se consolent bientôt de sa perte à la vue du couvain propre à la remplacer. »

Mes ruches sont parfaitement semblables à celle de Radouan ; elles peuvent être semblables aussi à celles de Féburier, en les tournant en travers et en faisant entrer les abeilles par le milieu de la ruche. Mais en laissant sortir les abeilles devant et derrière la ruche, on arrive au résultat qu'a cherché Féburier, qui est de faire pondre la reine égatement dans les deux parties de la ruche. Je n'ai pas besoin d'ajouter qu'on ne doit opérer que sur les ruches composées de quatre divisions et bien munies d'abeilles et de provisions.

André. — Il me semble que je saisis la manière de faire les essaims par séparation ; mais dites-nous, monsieur le curé, ce qu'il y a d'essentiel pour bien réussir.

M. le Curé. — Le point essentiel, c'est de ne pas laisser une des ruches sans reine ou sans le moyen de s'en procurer une. Pour cela, vous enfumez un peu la ruche et vous la soulevez pour voir de quel côté se trouvent les cellules royales. Si vous ne pouvez pas les apercevoir de cette manière, vous renversez la ruche, et vous la portez à l'écart pour voir dans l'intérieur des rayons. Vous marquez sur la ruche de quel côté se trouvent les cellules royales, et vous voyez en même temps si elles sont bien avancées. Puis, quand vous voulez faire votre essaim, vous n'avez qu'à frapper du côté opposé à celui que vous avez marqué, afin d'y attirer la reine régnante. Après quelques minutes, vous séparez la ruche en deux parties égales, vous ajoutez à chaque partie une ou deux divisions vides, et votre opération réussit infailliblement. Pendant un jour ou deux, on peut tenir fermée l'entrée de la ruche qu'on a changée de place et enfumer les abeilles avant de leur rendre la liberté.

Ici deux cas peuvent se présenter : celui où l'on ne trouverait aucune cellule royale dans une ruche forte, et celui où un des essaims formés par séparation n'aurait pas de reine. « Pour connaître la portion qui manque de reine, dit Radouan, on observe les deux ruches après la division. Les abeilles de la portion où se trouve la reine sont très-tranquilles, tandis que celles de l'autre portion sont très-agitées. »

Comment faire dans ces deux cas?

Eh bien! dans le temps de l'essaimage, on n'est jamais embarrassé, parce qu'on trouve toujours dans d'autres ruches les cellules royales dont on a besoin. D'ailleurs il est facile de s'en assurer d'avance. On peut donc faire sans crainte la séparation de cette ruche forte; puis les deux cas proposés se résument dans celui-ci : comment s'y prend-on pour donner une reine à une ruche qui n'en a point? On prend dans une ruche munie de cellules royales une des plus avancées, et, pour ne pas l'endommager, on enlève autour d'elle une bonne partie du rayon qui la porte; puis avec une petite cheville, ou bien avec un crochet en fil de fer, on fixe, de la manière la plus convenable, ce morceau de rayon au centre de la ruche qui manque de reine. Quand on ne peut pas fournir de cette manière une reine à une ruche qui en est privée, ce qui arrive avant et après le temps de l'essaimage, ce qu'il y a de mieux à faire, c'est de réunir cette population avec une ruche qui a besoin d'être fortifiée. Il y a toujours un grand bénéfice à attendre de deux populations réunies.

ENTRETIEN SEIZIÈME.

Quantité de miel nécessaire aux abeilles pour passer l'hiver.

M. le Curé. — Le premier soin d'un apiculteur doit être de veiller à la conservation de ses abeilles. Quand il leur prend du miel, il doit le faire avec prudence et discrétion. A part la saison des essaims, il faut toujours laisser aux abeilles d'abondantes provisions pour leur entretien et celui du couvain. Si l'on perd ses abeilles, cela vient souvent de ce qu'on n'est pas fidèle à cette règle qu'il ne faut prendre aux abeilles que leur superflu. Il y a pour elles des années d'abondance et des années de disette. Dans les bonnes années où elles ramassent beaucoup, on peut leur enlever beaucoup; mais, dans les mauvaises années, il faut savoir se priver. Quand un arbre ne porte pas de fruits une année, on sait prendre patience et attendre. Pourquoi ne ferait-on pas de même pour les abeilles?

Pourquoi vouloir prendre sur leur nécessaire? n'est-ce pas une cruauté? Et quand on fait périr ses abeilles de faim, quel gain en revient-il?

ANDRÉ. — Monsieur le curé, rien n'est plus conforme au bon sens; nous ferons pour nos abeilles ce que nous faisons pour nos bestiaux. N'avons-nous pas soin que nos écuries soient bien munies de fourrage pour leur entretien?

M. LE CURÉ. — Tous ceux qui veulent cultiver les abeilles ne sont pas aussi raisonnables que vous. Plusieurs voudraient que leurs abeilles vécussent de rien et avoir pour eux tout le miel. Quand ils ont ôté à leurs abeilles la nourriture qui leur est nécessaire, ils sont étonnés qu'elles périssent; ils prennent alors le parti d'abandonner cette culture, sous prétexte qu'elle ne rend rien.

FRANÇOIS. — Quelle est donc, monsieur le curé, la quantité de miel qui est nécessaire à une ruche pour bien passer son hiver?

M. LE CURÉ. — Je vais vous lire, sur cette question, les observations judicieuses de Gélieu. « La quantité de miel, dit-il, qu'il faut à une ruche pour passer la mauvaise saison, varie selon les climats. Dans les pays méridionaux, l'hiver est court et presque nul; les abeilles trouvent à se nourrir presque jusqu'à la fin de l'automne, et la renaissance des fleurs leur offre de bonne heure de la pâture au printemps : il leur faut donc moins de provisions. Ce que je vais de dire n'est applicable qu'à la Suisse et aux pays dont la température est à peu près semblable. En Suisse, chaque colonie établie dans une ruche doit avoir au moins quinze livres de miel; qu'elle soit forte ou faible, grande ou petite, cela varie peu. Une ruche qui se prépare à essaimer dépense deux ou trois kilogrammes de plus, à cause de la grande quantité de couvain qu'elle nourrit. Mais que l'on ne marchande pas avec les abeilles : il vaut mieux qu'elles aient trop que trop peu. Plus sages que les hommes, elles n'abusent jamais de leur superflu. En estimant la quantité de provisions que contient une ruche, il faut avoir égard à son âge et se souvenir que les rayons noirs des vieilles ruches pèsent beaucoup plus que les rayons blancs d'un essaim. Ce qui donne aux vieux rayons un si grand poids, c'est surtout le vieux pollen qui s'y trouve emmagasiné en quantité. » Les ruches qui contiennent ces vieux rayons diminuent plus rapidement de poids que celles qui n'en contiennent que de jeunes. Une cause de ce fait est peut-être le travail auquel les abeilles se livrent continuellement pour nettoyer les vieux rayons.

Comme la quantité de miel nécessaire aux abeilles pour passer leur hiver varie suivant la température et les climats, on ne peut pas donner une règle bien fixe. Tout ce que j'ai remarqué en pesant mes ruches, c'est qu'à dater de la cessation des travaux chaque ruche diminue d'un kilogramme par mois, et au moins de deux ou trois kilogrammes en mars et avril, quand la saison n'est pas favorable et ne permet pas aux abeilles d'apporter du dehors. Pendant les premiers mois du printemps, il faut une quantité incroyable de provisions pour nourrir le couvain à l'état de ver. Ce ver est plongé dans une espèce de bouillie composée de miel et de pollen que les abeilles nourrices lui prodiguent avec profusion avant de clore l'alvéole. S'il survient alors des semaines de pluies froides, de vents impétueux, comme il arrive souvent, les pauvres abeilles, ne pouvant pas aller à la campagne, sont dans la détresse quand les magasins ne sont pas bien fournis. La ponte est interrompue jusqu'au retour du beau temps, et la population ne fait pas de progrès, tandis qu'elle va son train sans discontinuer dans les ruches bien approvisionnées.

ANDRÉ.—Je comprends, monsieur le curé, combien il est important qu'une ruche soit bien approvisionnée pour qu'elle se peuple vite à la sortie de l'hiver et donne des essaims printaniers.

M. LE CURÉ. — Puisque nous en sommes à la quantité de miel nécessaire à une ruche pour bien passer son hiver, je vous parlerai encore d'une découverte assez importante de Gélieu. « Je m'attendais, ajoute-t-il, qu'en réunissant plusieurs ruches ensemble, en doublant, par exemple, la population, il faudrait aussi doubler la nourriture. J'avais toujours vu que deux ou trois ménages réunis ensemble consomment plus de provisions que chacun d'eux n'en consommerait seul, quelque grande que soit leur économie. Plus il y a de bouches, me disais-je à moi-même, plus il faut de vivres. En conséquence, j'augmentai beaucoup les provisions des ruches que je mariai, les premières fois que je fis cette opération. Mais, à mon grand étonnement, quand je les pesai de nouveau au retour de la belle saison, je trouvai qu'elles n'avaient pas plus dépensé que chacune d'elles n'eût dépensé seule. Je crus d'abord m'être trompé ; je n'en croyais pas mes yeux. Je ne m'en suis convaincu qu'en répétant cent fois la même expérience, d'où j'eus toujours le même résultat. Je me suis fait une loi d'indiquer, dans tous les cas, les raisons de mes opérations et des conseils que j'ai donnés. Ici, j'avoue franchement que je n'y vois goutte. Je ne conçois pas comment une armée de trente mille hommes pourrait s'entretenir avec les rations nécessaires à une armée de dix mille hommes, en supposant aux soldats de l'une et de l'autre un égal appétit, et qu'ils aient tous de quoi le satisfaire. Le fait existe à l'égard des abeilles, il est certain, chacun peut s'en assurer ; la raison m'en est inconnue...

« Après cette découverte aussi importante qu'inexplicable, je variai mes expériences pour augmenter ma certitude et parvenir, s'il se pouvait, à des résultats plus étendus. Je mariai trois ruches, en introduisant en automne dans celle du milieu les abeilles des deux plus proches voisines, à droite et à gauche. En pesant au printemps celle dont j'avais triplé la population, je trouvai qu'elle avait à peine dépensé une livre de plus que celles qui n'avaient pas été réunies. J'allai plus loin. J'avais une grande ruche bien peuplée, amplement approvisionnée. Sans la déplacer, j'y réunis en automne les abeilles de quatre ruches voisines, deux à droite et deux à gauche, qui manquaient de vivres. Cette énorme population produisit une chaleur si forte que, pendant tout l'hiver qui fut rigoureux, on entendait dans l'intérieur un bourdonnement pareil à celui d'une forte ruche le soir d'un beau jour de printemps. La vapeur expulsée par les battements d'ailes se rassemblait en gouttes et formait des glaçons à l'entrée de la ruche pendant les grands froids... Le croirait-on? j'en croyais à peine mes yeux. Lorsqu'au printemps je pesai cette ruche, qui renfermait cinq familles, et d'où il s'était exhalé tant d'humidité, je trouvai que sa diminution n'allait qu'à trois livres en sus de mes ruches ordinaires. Elle me donna d'excellents essaims longtemps avant les autres ruches, et je fus amplement dédommagé de mes soins...

« Je me suis souvent étonné qu'une découverte aussi précieuse n'ait pas été faite avant moi. Sans doute on a cru, comme je l'ai cru d'abord, que plus une famille est nombreuse, plus il lui faut de vivres, et qu'on ne gagnerait rien à les réunir. J'aurais quitté le monde à regret avant d'avoir publié cette découverte. »

Il résulte de cette précieuse découverte : 1° qu'il y a d'immenses avantages à réunir les ruches faibles pour en former de fortes ; 2° qu'en réunissant deux ruches fortes on peut faire une récolte aussi abondante que ceux qui les étouffent, et ces deux populations réunies devront ensuite donner des essaims très-précoces. Je ne vois pas ce que pourront objecter ceux qui osent encore conseiller aux habitants des campagnes de continuer à suivre l'habitude désastreuse d'étouffer leurs abeilles.

André. — Il est évident, monsieur le curé, que, puisque vous pouvez avoir autant de miel que ceux qui étouffent leurs abeilles et conserver précieusement les vôtres pour former des ruches fortes, votre méthode est sans contredit la meilleure de toutes.

ENTRETIEN DIX-SEPTIÈME.

Suite de l'entretien précédent.— Moyens à employer pour que les abeilles consomment le moins possible de leurs provisions.

FRANÇOIS. — Nous avons été bien préoccupés, monsieur le curé, de ce fait singulier que vous nous avez fait connaître dans votre dernier entretien : que plusieurs populations d'abeilles réunies ensemble ne consomment pas plus de provisions que celles qui restent seules. Comment peut-on expliquer ce fait extraordinaire?

M. LE CURÉ. — Je ne puis vous donner une meilleure réponse que celle que j'ai lue dans l'estimable journal d'apiculture de M. Hamet. Je vous citerai ce passage, quoiqu'il soit un peu scientifique, parce qu'on ne peut rien dire de mieux sur cette question.

« En hiver, dit donc M. Hamet, les abeilles consomment beaucoup plus de miel pour entretenir la chaleur de leur ruche que pour leurs besoins vitaux. Leur corps est alors une machine, un laboratoire, un foyer si l'on veut, qui, pour faire de la chaleur, consomme du miel, comme les foyers de nos appartements consument du bois ou de la houille. Que faut-il pour que la combustion ait lieu et produise de la chaleur? De l'oxygène, beaucoup d'oxygène, c'est-à-dire de l'air bien conditionné, de l'air pur. Aussi, quand notre feu ne veut pas brûler, nous nous servons du soufflet. Eh bien! il faut de même aux abeilles de l'oxygène, c'est-à-dire de l'air pur, pour que la combustion du miel s'accomplisse dans leur laboratoire, et ce sont leurs ailes qui leur servent de soufflet lorsque cet air manque (1).

« De ce que nous venons de dire il suit que plus il fait froid, plus les abeilles ont besoin de faire de feu, c'est-à-dire d'absorber de miel pour produire de la chaleur, pour entretenir celle de l'intérieur de leur ruche, qui ne doit pas descendre au-dessous de 24 degrés; il suit aussi que plus les abeilles sont nombreuses dans la ruche, moins elles ont besoin individuellement d'absorber de miel pour entretenir cette chaleur. Car, lorsqu'il y a deux poêles dans une salle, il faut moins de charbon dans chaque poêle pour chauffer cette salle qu'il n'en faudrait s'il n'y avait qu'un seul poêle; celui-ci devrait, ce nous semble, en brûler deux fois autant. Cela nous démontre donc comment les fortes popu-

(1) En effet, quand le froid est intense, on entend un grand bourdonnement dans les ruches.

lations ne consomment pas plus, et, par conséquent, fatiguent moins pendant le temps froid (pendant le temps froid, entendez-vous bien ?) que les populations faibles. Cela nous apprend encore que les abeilles doivent consommer moins lorsque la température est moins basse.

« Nous avons dit que les populations fortes ne consomment pas plus que les populations faibles par le temps froid. Mais, par le temps doux, il n'en est pas de même : les populations fortes consomment davantage, et cela parce qu'elles s'adonnent à l'éducation du couvain et s'y adonnent sur une certaine échelle, ce que ne sauraient faire les populations faibles. Pour que les ruches consomment le moins, il faut donc que la température ambiante dans laquelle elles sont ne soit ni trop basse ni trop haute. Tout le monde sait qu'elles perdent moins de leur poids dans les hivers ordinaires et réguliers que dans les hivers très-froids, ou que dans les hivers irréguliers et doux. Or, on a remarqué que la température ambiante par laquelle les abeilles consomment le moins est à peu près celle des caves ouvertes (de 6 à 8 degrés). C'est donc cette température qu'il faut leur donner, soit en plaçant les ruches dans des appartements, des celliers ou des caves, soit en les enterrant dans des silos, soit enfin en les abritant et en les enveloppant bien lorsqu'on les laisse au rucher.

« Nous avons dit encore que plus les abeilles avaient besoin de produire de chaleur, plus il leur fallait d'air ; par conséquent, moins elles ont besoin de produire de chaleur, moins il leur faut d'air. C'est pourquoi les ruches enfouies dans la terre, dans des tas de grain ou de paille, ont besoin de peu d'air, ce qui ne veut pas dire qu'elles n'en aient pas besoin. Le raisonnement nous conduit à déduire que plus une ruche a les parois épaisses, plus elle convient aux abeilles, parce que ces parois épaisses les abritent mieux des rigueurs du froid. Les faits viennent confirmer la théorie : les essaims placés dans le creux des arbres et des rochers passent beaucoup mieux l'hiver que ceux placés dans nos ruches à parois minces. On sait, du reste, que la chaleur se conserve mieux dans un appartement dont les murs sont épais que dans un appartement dont les murs sont en planches minces, et qu'il faut user plus de combustibles dans celui-ci que dans celui-là pour entretenir le même degré de chaleur.

« Votre théorie, nous dira-t-on, supprime les courants d'air et leurs partisans.—Pas tout à fait. Lorsque l'atmosphère est saturée d'humidité et que les murs de nos logements suintent l'eau, que faisons-nous ? Nous ventilons par la cheminée et par les portes. C'est ce que nous devons faire pour les ruches, lorsqu'en novembre, par exemple, l'atmosphère est très-humide, et lorsque nos abeilles ont amassé en arrière-saison du miel aqueux (contenant beaucoup d'eau.) Nous devons alors ménager des courants d'air dans leurs ruches ; mais nous devons les établir de manière qu'ils n'aillent point frapper directement les abeilles, ainsi que le font les Anglais, en les établissant de bas en haut au milieu de la ruche. Nous les ménageons à sa partie inférieure, soit par un trou au tablier, soit par des portes opposées, soit simplement en exhaussant la ruche au moyen de cales, que nous supprimerons aussitôt que le temps deviendra sec et froid. »

Voilà, mes amis, les meilleures raisons qu'on puisse donner de ce fait qui vous a tant étonnés.

François. — C'est peut-être aussi pour cette raison qu'on a si bon appétit quand il fait bien froid ; nous mangeons peut-être aussi pour nous réchauffer.

M. le Curé. — Il ne faut pas en douter, François. Je me souviens que le vaillant capitaine X..., qui avait fait la campagne de Russie, me disait souvent : « Ah ! si nous avions eu de quoi manger, nous nous serions assez réchauffés. C'est le manque de nourriture plutôt que le froid qui a fait périr la majeure partie de notre glorieuse armée. »

François. — Je comprends que, pour faire économiser aux abeilles leurs provisions, il faut les préserver du froid.

M. le Curé. — Il faut aussi les entretenir autant que possible dans une température égale. Quand il y a souvent pendant l'hiver des jours chauds et des jours froids, et que les abeilles sortent de temps en temps, elles prennent appétit et mangent une plus grande quantité de miel. Concluons de ces considérations que le seul moyen à employer pour que les abeilles consomment peu, c'est de les aider à entretenir dans leur ruche une chaleur modérée qui varie le moins possible. Je ne veux pas dire pour cela que les abeilles craignent le froid ; je suis persuadé qu'elles peuvent supporter un froid sec et très-rigoureux, pourvu qu'elles soient nombreuses et bien approvisionnées.

François. — Quels moyens peut-on employer pour atteindre le but dont vous nous parlez ?

M. le Curé. — Certains apiculteurs placent leurs ruches faibles dans des tas de grains ou les couvrent d'une terre bien sèche ; d'autres les placent dans leurs caves ou dans un appartement sain dont la température varie peu (1). Ils prétendent par là

(1) J'ai demandé à ce sujet l'avis d'un praticien éclairé, M. Bourgeois, de Morez (Jura). Il m'a répondu qu'il voyait de grands avantages à placer ses ruches, pendant les gelées et les neiges, dans un appartement obscur, sec et bien aéré : les abeilles périssent moins, et leurs provisions durent plus longtemps. Je ne crains donc pas de conseiller aux habitants des campagnes de suivre cette pratique, surtout dans les mauvaises années, et pour les ruches qui n'ont pas des provisions abondantes. Pour cet effet, un grenier est très-bon : on place les ruches sur le plancher même, sans leurs tabliers; on choisit l'endroit le moins embarrassant et le plus obscur. Ensuite il y a deux précautions essentielles à prendre : la première, c'est de laisser à ses abeilles un courant d'air, mais sans lumière ; la seconde, c'est de les établir dans une nuit profonde en les couvrant avec des feuilles sèches, de la mousse, de mauvaises couvertures, etc. Il ne faut pas que les abeilles voient le moindre jour; autrement, lorsque le temps est doux,

faire économiser à leurs abeilles la moitié ou au moins le tiers de leurs provisions. Mais de quelque manière qu'on s'y prenne, il faut faire attention à deux choses : les préserver de l'humidité et ne pas les priver d'air ; autrement, au lieu de les conserver, on les fait périr. Les abeilles ont besoin d'air pour vivre comme nous ; il faut donc toujours laisser un conduit par où l'air pur pénètre dans la ruche.

Cependant de tous les moyens le plus facile, c'est d'environner ses ruches d'un épais matelas de mousse bien sèche. On la fixe au-dessus et autour des ruches avec des branches, avec des ficelles, ou bien avec de la toile d'emballage. Quand toutes les ruches sont placées sur une même ligne,

elles s'échappent et se perdent. Cette semaine, fin de janvier 1861, j'ai visité des abeilles placées dans un rucher couvert et bien abrité, d'autres placées dans une cave, et d'autres encore placées dans un grenier. Voici leur état : les abeilles sont vivantes dans les divers endroits; mais dans les ruches qui sont dans le rucher, j'ai vu des glaçons de quelques centimètres au bas des rayons; dans les ruches qui sont à la cave, les rayons sont moisis, et dans les ruches qui sont au grenier, les abeilles sont aussi vigoureuses et les rayons aussi frais qu'au mois de septembre. Que chacun juge. On porte au rucher les ruches fortes dès que les beaux jours sont revenus; mais il faut différer de quelques jours pour les ruches faibles, parce que les abeilles en sortant ont beaucoup plus vite consommé leurs provisions, et on les voit quelquefois périr par des jours froids.

Ces détails me paraissent suffisants pour guider quiconque voudra donner des soins sérieux à ses abeilles.

ce procédé est facile. La mousse a encore un avantage, c'est celui d'éloigner les souris. Une fois ses ruches emballées, on les laisse dans cet état jusqu'aux beaux jours, c'est-à-dire jusqu'en avril. Ces précautions bien simples peuvent encore hâter la ponte de la reine et contribuer à produire des essaims plus précoces.

ENTRETIEN DIX-HUITIÈME.

Avantages de la réunion des ruches faibles. — Manière de les réunir ou de leur fournir des provisions pour passer l'hiver.

M. le Curé. — Je vous ai dit, mes chers amis, qu'un bon moyen pour avoir des ruches fortes, c'est de réunir celles qui sont faibles. Ecoutez sur ce sujet les judicieuses réflexions de Féburier : « En tout pays, dit-il, on détruit en automne les essaims qui n'ont pas pu amasser des provisions suffisantes. Ceux que l'on trouve trop légers sont impitoyablement condamnés à être étouffés. On s'empare du peu de miel qu'ils ont, et l'on croit gagner à cela, parce qu'ils périraient de faim au bout de quelques mois, après avoir consumé tout le fruit de leur labeur. En les détruisant avant qu'ils périssent eux-mêmes, on en retire au moins quelque chose. »

André. — C'est bien ainsi que j'ai vu agir et entendu raisonner dans mon village.

M. le Curé. — « Oui, continue Féburier, voilà comment on raisonne, et c'est ce qui rend très-générale la pratique meurtrière d'étouffer les abeilles pour prendre leur miel. On agit de même à l'égard des vieilles ruches qui se sont épuisées en produisant beaucoup d'essaims et de toutes celles qui n'ont pas de quoi subsister. On tue aussi quelques unes des plus pesantes pour avoir leur miel. Quelle épouvantable proscription ! quel vide dans les bancs d'abeilles ! quel tort on se fait à soi-même en détruisant sans compassion les plus fortes et les plus faibles, les plus riches et les plus pauvres ! On ne fait grâce qu'à quelques unes de celles qui ont de quoi vivre ; et on ne les épargnerait pas si on n'en avait pas un indispensable besoin pour repeupler son rucher par des essaims. »

André. — Il m'en a toujours coûté beaucoup de faire périr mes abeilles, mais je n'ai jamais su faire autrement.

M. le Curé. — En réunissant les ruches faibles, on est certain d'en conserver les abeilles, on évite les embarras qu'on se crée pour les nourrir, et on économise une grande quantité de miel. Je vous ai déjà dit qu'il faut au moins 6 à 8 kilog. (12 à 16 livres) de miel à une ruche forte ou faible pour passer son hiver. Si trois essaims n'ont entre eux que cette quantité, chacun d'eux n'a que le tiers des provisions qui lui sont nécessaires ; le surplus est à notre charge. Pour les sauver, on serait donc obligé de sacrifier 15 kilog. (30 livres) de miel, les deux tiers de leur approvisionnement. C'est pour s'épargner sans doute cette dépense qu'on se décide à les étouffer; cela est plus court et plus commode. Mais en les réunissant on conserve toutes ses ouvrières sans qu'il en coûte rien ; ces faibles provisions suffisent pour alimenter les trois essaims réunis.

FRANÇOIS. — Mais, monsieur le curé, en ne faisant qu'une ruche de deux ou trois, vous diminuez bien le nombre de vos ruches.

M. LE CURÉ — C'est vrai ; mais je suis le précepte que nous avons solidement établi, qu'il faut prendre tous les moyens possibles pour avoir des ruches fortes, bien peuplées et bien approvisionnées. Les ruches ainsi réunies essaiment longtemps avant les autres, donnent de forts essaims et du miel plus qu'on n'aurait pu en retirer en les faisant mourir avant l'hiver. Prenons un exemple pour mieux vous convaincre. Vous, François, vous avez trois ruches faibles qui n'ont chacune que 3 kilog. (6 livres) de provisions. Raisonnant comme ceux qui n'y entendent rien, vous dites : Je pense qu'elles ont bien assez de provisions. Il arrive que vous êtes infailliblement trompé dans votre espoir, que vous perdez le miel et les abeilles de ces trois ruches, et qu'il ne vous reste au printemps que des rayons vides.

Vous, André, vous avez ces trois mêmes ruches ; étant plus instruit, sachant qu'avec si peu de provisions elles périront certainement pendant l'hiver, vous vous décidez à les étouffer. Vous avez de plus que François 9 kilog. de miel, mais tous les deux vous avez trois ruches de moins dans votre rucher. Moi, avec ces trois mêmes ruches faibles, je vais me faire une ruche forte qui se composera de trois populations et de 9 kilogrammes (18 livres) de provisions. Que vais-je gagner? Au printemps cette ruche forte me donnera un bon essaim, et mes deux ruches me donneront aussi certainement plus de miel que vous, André, n'en avez retiré en faisant mourir vos abeilles. De plus, il me reste deux bonnes ruches qui l'année suivante me donneront des essaims et du miel, tandis que celles qui sont mortes ou que vous avez étouffées ne vous rendront jamais rien. Vous voyez donc que réunir des ruches faibles est un excellent moyen de conserver et de multiplier les abeilles presque à l'infini, tandis qu'avec la déplorable méthode de les étouffer par le soufre, on ne verra jamais fleurir une des plus précieuses branches d'industrie de nos campagnes, l'apiculture.

François. — Mais, monsieur le curé, n'y a-t-il pas moyen de nourrir les ruches faibles pendant l'hiver ?

M. le Curé. — Qu'en pensez-vous, André?

André. — Bien souvent, quand j'ai voulu nourrir mes ruches faibles, je ne les ai pas sauvées, et j'ai ainsi perdu mon miel, mon temps et mes peines.

M. le Curé. — C'est là le résultat assez ordinaire

de cette pratique ; aussi elle n'est point conseillée par les bons auteurs. Les ruches faibles font nombre et garnissent un rucher, mais sans profit pour le propriétaire ; elles languissent plutôt qu'elles ne vivent ; elles apportent peu de butin, ne donnent pas d'essaims, produisent à peine une chaleur suffisante pour faire éclore, dans un coin de leur demeure, un peu de couvain qui encore ne réussit pas. Quand il survient au printemps des jours froids et pluvieux ou des bises impétueuses qui durent souvent des semaines entières, on voit devant les ruches faibles les débris de ce couvain qui n'ont pu arriver à la vie, faute de nourriture ou de chaleur. Il n'en est pas ainsi des ruches réunies ; elles sont toutes vigoureuses et en état de résister à l'intempérie des saisons. La population y augmente rapidement ; elles donnent des essaims hâtifs ; elles amassent plus de provisions en un jour que les ruches faibles en une semaine et même en quinze jours. En un mot, il n'y a pas de comparaison à établir entre elles pour la prospérité.

François. — Vous ne voulez donc pas, monsieur le curé, qu'on donne jamais de la nourriture aux ruches faibles ?

M. le Curé. — Ce que nous avons de mieux à faire, c'est de réunir toutes les ruches faibles afin d'en former de fortes. Cependant, quand elles ne sont pas trop faibles, qu'elles ont encore une bonne population et qu'il ne leur manque qu'un peu de provisions, voici les meilleures manières de les leur fournir. On peut prendre dans les ruches bien approvisionnées pour donner à celles qui sont dépourvues. Quelques rayons garnis de pollen et de miel leur sont plus profitables qu'une quantité plus considérable de miel coulé. On a observé que 2 kilog. de miel en rayons leur font plus de profit que 3 kilog. de miel coulé.

Ici vous remarquerez encore les avantages de ma ruche à petites divisions. Quand on veut donner à une ruche ce qui lui est nécessaire, on prend dans une ruche forte une division garnie de provisions, et on la joint avec la ruche qui en a besoin. Lorsqu'on recueille le miel, on trouve souvent des rayons garnis d'une grande quantité de pollen et de peu de miel. Ces rayons ne sont d'aucune utilité pour nous et sont très-précieux pour les abeilles. On peut par ce moyen fortifier un essaim faible pendant l'été et augmenter les provisions des ruches faibles en automne.

La meilleure manière de leur donner du miel coulé, c'est de le vider dans de vieux rayons qu'on coupe en tranches et qu'on place les uns sur les autres dans une division vide. Si on ne peut pas se procurer de vieux rayons, on prépare de petites planchettes qui leur ressemblent, dans lesquelles on fait une quantité de petits trous pour y verser le miel, et, soit entre les planchettes, soit entre les vieux rayons, on place de petites baguettes pour que les abeilles puissent circuler librement. De cette manière, les abeilles ne s'engluent pas, comme quand on leur fournit du miel dans un vase où souvent elles périssent (1).

Il faut encore remarquer 1° que, pour fournir aux abeilles leur nécessaire, on doit le faire dès qu'elles cessent leurs travaux. Dans les jours froids, il ne faut pas les déranger, parce qu'alors on en fait périr un grand nombre. Si on n'avait pas pu le faire dans le temps convenable, il faudrait porter sa ruche dans un appartement. L'abeille est un insecte délicat et frileux ; il lui faut au moins douze ou quinze degrés de chaleur pour avoir un peu d'activité et de force. 2° Lorsqu'on donne du miel aux abeilles à la fin de l'automne ou au commencement du printemps, il ne faut pas le faire par un beau soleil, pour ne pas exposer la ruche au pillage. Il y a un autre inconvénient à leur donner du miel par un temps froid et pluvieux. La famille s'émeut de joie dès qu'elle sent le miel, une partie des abeilles s'envole dans les airs, et un grand nombre d'entre elles, saisies par le froid, ne peuvent rentrer au logis. On évite cet inconvénient en ne leur donnant ce miel qu'a-

(1) Voyez dans l'entretien XXIVe l'excellent moyen que j'ai trouvé depuis peu de temps pour donner de la nourriture aux abeilles avec autant de facilité qu'à un oiseau en cage. Ce moyen est d'autant plus avantageux que c'est pendant l'hiver qu'il est le plus commode, parce que, les abeilles étant groupées au fond de la ruche, les rayons sont à découvert. C'est un véritable plaisir et un amusement que de servir ainsi du miel à une ruche. Plusieurs fois j'ai fait cette opération en présence de quelques uns de mes amis, qui toujours en ont été charmés.

près le coucher du soleil, ou en tenant la ruche exactement fermée. Il faut aussi prendre cette précaution quand on veut leur donner du miel chez soi. Dans une folle ivresse, elles se précipitent contre les vitres des fenêtres, cherchent à s'échapper par tous les jours qu'elles aperçoivent et ne savent plus revenir à leur ruche. Quand il n'y a rien à récolter dehors, comme à l'entrée et à la sortie de l'hiver, il faut se défier de l'habitude qui existe dans les campagnes de placer du miel devant le rucher pour aider ses abeilles ; car elles s'abattent avec une sorte de frénésie sur le peu de miel qu'on leur donne, et elles portent le trouble et quelquefois la guerre dans tout le rucher (1).

Dans notre prochain entretien, je vous expliquerai la manière de réunir les ruches faibles.

(1) Cet hiver j'ai expérimenté combien il est facile de nourrir quelques ruches dans un appartement. Par les moyens que j'ai indiqués, j'ai fourni chaque semaine quelques centigrammes de miel à mes ruches dépourvues de provisions, et ces ruches, qui depuis plusieurs mois auraient péri dans mon rucher, sont, à l'entrée du printemps, en très-bon état.

ENTRETIEN DIX-NEUVIÈME.

Suite du précédent. — De la manière de réunir les ruches faibles.

ANDRÉ. — Vous nous avez appris, monsieur le curé, dans votre dernier entretien, bien des choses nouvelles sur la réunion des ruches faibles. Nous y avons réfléchi avec François, et nous avons été épouvantés de ce travail.

M. LE CURÉ. — Vous avez tort de vous épouvanter, parce que 1° on est rarement obligé de faire ces réunions quand on a soin de réunir les seconds et les troisièmes essaims, et de prendre les moyens que je vous ai indiqués pour n'avoir que des ruches fortes. 2° Vous auriez raison de vous épouvanter de ces réunions, si vous deviez vous servir des ruches d'une seule pièce; mais avec ma ruche à petites divisions, il n'y a aucune difficulté.

FRANÇOIS. — Comment, monsieur le curé, faites-vous donc ces réunions?

M. le Curé. — Je vais vous citer les procédés de Radouan. Ma ruche en paille étant parfaitement semblable à la sienne qui est en bois, je ne puis pas opérer autrement que lui. Vous comprendrez aussi les difficultés qu'on éprouve quand les divisions de nos ruches contiennent plus de deux rayons.

« Le procédé pour réunir ensemble plusieurs ruches de l'amateur et du cultivateur (celles dont les cadres contiennent quatre rayons) étant beaucoup plus compliqué que celui de la ruche du naturaliste (celle dont le cadre n'a que deux rayons), nous commencerons par ce procédé assez difficile.

« Lorsqu'on veut réunir deux ruches de l'amateur, on met d'abord la première de ces ruches en état de bruissement. On l'ouvre ensuite par le milieu, et on examine quelle est la partie qui contient le moins de miel ou de couvain ; on rapproche ensuite un peu ces parties l'une de l'autre, mais sans les attacher ni les faire joindre entièrement. On ouvre alors le volet du cadre qui est le moins fourni en miel et en couvain ; on ôte tout le miel et le couvain qu'il contient. On fait passer toutes les mouches dans le cadre destiné à être conservé, et on emporte cette demi-ruche à la maison.

« On s'occupe ensuite de l'autre partie de la ruche; on ménage, dans cette autre partie, des vides autant que possible auprès du miel pour placer le miel, et auprès du couvain pour placer le couvain que l'on a tiré de l'autre demi-ruche, en ayant l'attention, pour ce dernier, de laisser de petits intervalles entre chaque rayon pour que les mouches puissent le soigner et le faire réussir. Quand tout le couvain et le miel de l'autre cadre est ainsi proprement replacé, on la referme avec le volet, et on la laisse ainsi tranquille sur son tablier jusqu'au soir, après en avoir rétréci l'entrée, crainte du pillage.

« On fait ensuite sur l'autre ruche que l'on veut y réunir les opérations que nous venons de décrire, pour concentrer également tout le miel, tout le couvain et toutes les mouches dans un seul cadre ou demi-ruche.

« A la nuit tombante, on ôte à chacun de ces cadres un volet, et on les réunit après en avoir mis préalablement les abeilles en état de bruissement. On réunit ces deux cadres pour n'en former qu'une seule ruche, et enfin on met cette ruche sur le tabouret fumant pendant huit à dix minutes, pour prévenir la tuerie qui pourrait avoir lieu sans cette précaution entre les deux peuplades, et pour bien achever le mélange.

« Si on voulait réunir une troisième ruche aux deux dont nous venons de parler, on prendrait le miel et le couvain de cette troisième ruche ; on les placerait dans les deux premiers cadres. On fait passer les abeilles dans une ruche vide, et le soir on réunit cette troisième population avec les premières, » selon les procédés que je vous ai donnés en vous expliquant la manière de réunir les essaims.

D'après ce simple exposé, vous jugez combien on

se crée d'embarras pour les réunions quand on tient à peu diviser ses ruches, à n'avoir que des divisions qui contiennent quatre rayons. Radouan reconnaît que les ruches très-divisées sont bien plus faciles. Voici son procédé pour réunir ensemble deux ou un plus grand nombre de ruches du naturaliste (celles dont les cadres n'ont que 32 lignes de largeur ou deux rayons).

« Si l'on veut réunir plusieurs ruches du naturaliste pour n'en former qu'une seule peuplade, l'opération est beaucoup plus facile et plus prompte qu'avec les ruches de l'amateur. Ces ruches en effet sont divisées en quatre parties, tandis que les précédentes ne le sont qu'en deux. Or, l'instinct des abeilles les porte à placer leur couvain et leur miel de préférence au centre de leur ruche pour qu'il soit maintenu plus facilement en chaleur et que la garde en soit plus facile ; il suit de ces dispositions que les deux cadres extérieurs des ruches faibles ne contiennent que très-peu ou point de miel ni de couvain. Il ne s'agit donc ordinairement que d'enlever les deux cadres extérieurs de chaque ruche pour qu'elles soient toutes prêtes à être réunies. S'il se trouve dans ces cadres extérieurs quelques petites portions de gâteaux contenant du miel, rien n'est plus facile que de les placer, au fur et à mesure qu'on les enlève, dans les parties des cadres intérieurs qui les avoisinent. Il peut se trouver des ruches tellement faibles qu'il soit nécessaire de les réduire à un seul cadre. Lorsque toutes les réductions sont faites, le soir on réunit toutes les populations comme nous venons de le dire.»

Résumons clairement tout ce que vous venez d'entendre. Pour opérer la réunion de plusieurs ruches, il faut réunir dans une ou deux divisions les provisions, le couvain et les abeilles de chaque ruche; le soir on réunit toutes ces divisions pour ne former qu'une seule ruche.

Je vous ferai observer : 1° qu'il faut choisir un beau jour pour faire ces réductions, afin que les abeilles qu'on dérange aient la force de se réunir et de recueillir les gouttes de miel qui peuvent couler. 2° Il faut laisser chaque ruche à sa place, afin que les abeilles des divisions qu'on enlève puissent retourner à leur logis habituel.

André. — Il m'est venu une inquiétude en pensant à la réunion de toutes ces abeilles ; il me semble qu'elles vont se tuer.

M. le Curé. — Votre inquiétude est bien fondée. Il y aurait en effet un horrible massacre, s'il n'y avait pas de moyens de l'empêcher.

André. — Quels sont donc les moyens que vous employez, monsieur le curé, pour empêcher que les abeilles ne se tuent?

M. le Curé. — Le premier moyen, que je vous ai déjà signalé, c'est de les mettre en état de bruissement et de les entretenir dans cet état pendant une dizaine de minutes. Pour cela on fait pénétrer de la fumée dans la ruche, ou bien on la place, comme nous avons dit, sur le tabouret fumant, ou bien encore on tapote simplement contre la ruche. Le tapotement les met et les entretient en état de bruissement.

Secondement, une bonne aspersion d'eau miellée les calme. Au lieu de chercher à se tuer, elles s'occupent à sucer le miel et à se brosser. Une fois le mélange fait, il n'y a plus que les reines qui se battent.

En troisième lieu, quelques apiculteurs placent une toile métallique entre les cadres ou divisions, et laissent les abeilles dans leurs demeures respectives durant une quinzaine de jours. Pendant ce temps, elles peuvent se flairer, prendre le goût de la ruche et s'habituer ensemble. Ensuite, quand on ôte les séparations, elles ne se font plus de mal. Pour moi, André, qui veux pour vous la simplicité et l'économie, je vous conseille de vous servir d'une toile ordinaire claire que vous assujettissez sur les rouleaux de paille avec des épingles et dans le bas de la ruche ; pour que les abeilles ne passent pas sous la toile, on place dessus une règle de bois. Je n'ai pas besoin de vous faire observer que ce dernier moyen ne peut s'employer qu'en automne, lorsque les abeilles ne sont plus obligées de sortir.

ENTRETIEN VINGTIÈME.

Récolte des ruches.

M. LE CURÉ. — Vous êtes, mes amis, plus gais qu'à l'ordinaire.

ANDRÉ.—Vous nous avez promis, bien-aimé pasteur, de nous apprendre aujourd'hui à récolter nos ruches. Eh bien ! c'est là le sujet de notre joie ; car nos plaisirs à nous, c'est de penser à nos belles moissons, à nos bonnes vendanges, aux fruits abondants qui chargent nos arbres, et un plaisir nouveau vient remplir notre cœur : c'est de penser à ce bon miel que nous extrairons de nos ruches et qui réjouira toute la famille.

M. LE CURÉ. — Vos plaisirs seront d'autant plus purs que vous bénirez davantage la main bienfaisante qui vous prodigue tant de richesses.

FRANÇOIS. — Il faudrait avoir le cœur bien dur pour ne pas aimer et remercier Celui qui nous comble de tant de biens.

M. le Curé. — Je vous dirai d'abord, mes amis, que ce qu'on ne sait pas faire à la campagne, du moins dans nos contrées, c'est la récolte du miel. Ce point cependant est important ; car, avec un peu d'instruction et de soin, on peut faire plusieurs qualités de miel dont la première vaut certainement le double de celui qu'on fabrique ordinairement. J'établis comme un fait certain qu'il ne faut ni plus d'esprit, ni plus de soins, ni plus de temps pour recueillir et fabriquer son miel qu'il n'en faut pour traire le lait, pour faire le beurre et le fromage. Si on ne sait pas mieux faire, c'est qu'on n'a jamais vu ouvrir une ruche et prendre du miel. Pour moi, il ne me faut pas plus de temps pour prendre le miel que contient une ruche que pour cueillir quelques assiettes de fruits. Au printemps, je vous inviterai à une de mes opérations, et vous vous convaincrez que je ne vous dis que la pure vérité.

François. — Nous vous croyons sans peine, monsieur le curé, parce que vous n'avez pas l'habitude de dire ce qui n'est pas. Veuillez nous apprendre comment il faut récolter son miel.

M. le Curé. — Voici ce que pensent les meilleurs auteurs : « La nature, dit Féburier, semble indiquer à l'homme l'exploitation des ruches, en lui faisant connaître le moment de l'année où les abeilles peuvent se passer de leurs provisions ; cette époque est celle de l'essaimage. Les essaims abandonnent la mère-ruche, n'ayant de vivres que pour trois jours, et cependant ayant le temps de s'approvisionner pour l'hiver, et trouvant dans les fleurs et sur les feuilles tout ce qui est nécessaire pour ce sujet. L'expérience a en outre montré que le miel du printemps, tiré du nectar des fleurs, était supérieur à celui de l'automne, tiré du blé noir, ou dans lequel il entre beaucoup de miellée. Ces deux considérations réunies doivent donc déterminer les cultivateurs à choisir l'époque qui suit l'essaimage pour récolter le miel. Ils y trouveront en outre le moyen d'arrêter la sortie des seconds essaims, qui épuisent la mère-ruche et font souvent mauvaise fin eux-mêmes. »

Radouan veut aussi qu'on prenne le miel aussitôt que la ruche a fait son premier essaim. « Les meilleurs procédés, dit-il, pour opérer la récolte des ruches sont ceux qui procurent le renouvellement le plus prompt des édifices des abeilles. Ces mouches paraissent perdre une partie de leur activité naturelle et de leur énergie lorsque les rayons en vieillissant se noircissent, s'épaississent et se remplissent de miel grainé et de vieux pollen. On s'en aperçoit aisément en comparant la diligence des jeunes essaims avec l'indolence des vieilles ruches. C'est sur ce principe particulièrement que j'ai basé les procédés que j'emploie pour la récolte de mes nouvelles ruches. »

Voici encore ce que dit M. Hamet dans son journal d'apiculture : « Quand on cultive les abeilles, c'est pour en retirer le plus de profit possible. Or, ce profit dépend : 1° de la manière dont on récolte son miel. Le miel, en vieillissant dans les rayons, tend à prendre une saveur âcre, et l'altération est plus prompte et mieux marquée dans les vieux rayons. Ainsi donc, au lieu de laisser vieillir dans une ruche les produits qui y sont déposés, on doit au contraire les en retirer aussitôt que l'on peut. 2° Les récoltes partielles sont préférables aux récoltes générales, et la méthode qui a pour principe de dépouiller les ruches en plusieurs temps sert à obtenir une récolte plus abondante et de meilleure qualité. »

En enlevant aux abeilles une partie de leurs provisions, on les excite à les remplacer immédiatement et à travailler avec plus d'ardeur. Mais il faut le faire avec modération et en plusieurs fois, parce que, si on les prive de trop de provisions où il se rencontre ordinairement beaucoup de pollen, cela peut nuire à l'éducation du couvain et affaiblir considérablement la ruche. On doit se contenter en général de prendre le tiers ou le quart des provisions (1).

(1) « Suivant mon opinion, dit Hubert, l'art de cultiver les abeilles consiste à user sobrement du droit de partager leurs récoltes. Si l'on voulait se procurer chaque année une certaine quantité de cire et de miel, il vaudrait mieux la chercher dans un grand nombre de ruches qu'on exploiterait avec discrétion, que dans un petit nombre auxquelles on prendrait une trop grande quantité de leurs trésors.

« Il est certain qu'on nuit à la multiplication de ces mouches industrieuses quand on leur vole plusieurs gâteaux dans

André. — Je n'avais jamais entendu dire qu'on pût prendre du miel au printemps. Je l'ai toujours vu prendre en automne, et encore en étouffant avec du soufre ces pauvres abeilles.

M. le Curé. — C'est aussi pour cette raison que vous n'avez jamais vu que du miel d'une très-médiocre qualité. Si, en cueillant vos raisins d'une certaine manière, vous aviez du vin qui valût une fois plus, ne préféreriez-vous pas cette méthode à toute autre ?

André. — Certainement. Je serais bien déraisonnable si je ne le faisais pas.

M. le Curé. — Eh bien ! vous pouvez arriver à ce résultat pour une grande partie de votre miel. J'ai observé que lorsqu'on recueille le miel peu de temps après qu'il a été apporté par les abeilles dans la ruche, on obtient souvent du miel aussi blanc que la neige et qui se durcit dès qu'on le place dans un lieu frais. Si, au contraire, ce même miel séjourne dans la ruche, il se colore, devient gluant et perd cette belle qualité qu'il avait quelque temps auparavant.

Voici les précautions qu'il faut prendre avant d'ouvrir la ruche : 1° On se munit de vases assez grands pour contenir les rayons. Si l'on peut se procurer de grands vases en terre vernis, c'est ce

une saison peu favorable à la récolte de la cire, parce que le temps qu'elles emploient à les remplacer est pris sur celui qu'elles doivent consacrer aux soins des œufs et des vers, et le couvain en souffre. »

qui convient le mieux. Les vases en bois, s'ils sont mouillés, décomposent le miel, et, s'ils ne sont pas bien étuvés, ils le laissent couler. Je me souviens que, dans une maison de campagne, on avait pressé une assez grande quantité de miel pendant une veillée. On l'avait placé dans un vase de bois tout neuf. Le lendemain matin on trouva sur le plancher plusieurs livres de miel limpide comme de l'eau. 2° On prend tout ce qui est nécessaire pour avoir de la fumée pour toute son opération. 3° Il faut un couteau recourbé dont je vais vous expliquer l'usage dans un instant. Pour faire vous-mêmes ce couteau recourbé, vous prenez du fil de fer assez gros et long de quinze centimètres ; vous aplatissez un des bouts et vous le recourbez à angle droit, de manière à ce que le tranchant ait trois à quatre centimètres.

Lorsque ces précautions sont prises, voici comment on opère : 1° On met en état de bruissement les abeilles de la ruche dans laquelle on veut prendre du miel. On enlève une porte de cette ruche doucement et sans secousse. 2° Si on taille sur place, on chasse avec la fumée les abeilles de dessus les rayons qn'on veut couper. 3° Il faut avoir bien soin de ne pas toucher au couvain. On connaît les alvéoles qui le contiennent à la couleur rousse des couvercles qui sont bombés, tandis que les alvéoles qui contiennent le miel sont blancs et plats. 4° Quand les rayons sont placés dans le sens de la porte en travers, on les coupe tout autour, et on les place dans les vases préparés. Quand ils sont placés dans un sens contraire, en long, ce qui arrive assez souvent quand on n'a pas placé un rayon régulateur, alors on se sert du couteau recourbé : on le glisse entre les deux rayons, on le retourne, puis on coupe le rayon du haut en bas, et on le tire à soi. 5° S'il reste sur les rayons quelques abeilles, on les fait tomber dans une ruche vide avec une plume ou bien avec une petite baguette. 6° Si on ne peut pas passer derrière ses ruches, on emporte à l'écart celle que l'on veut tailler, on la remplace par une ruche vide pour amuser les abeilles qui reviennent des champs ; de cette manière, on n'est pas au milieu d'un nuage d'abeilles. 7° Il faut opérer le plus rapidement possible et emporter aussitôt son miel à la maison, parce que, si on restait longtemps à faire l'opération, l'odeur du miel enlevé à la ruche mettrait les abeilles en mouvement, et on aurait de la peine à s'en débarrasser. 8° On peut récolter tout le miel qui est bouché, mais il vaut mieux laisser celui qui ne l'est pas. N'ayant point subi sa dernière transformation, il reste toujours liquide comme de l'eau. 9° L'opération est encore infiniment plus facile et plus prompte quand il ne s'agit que d'enlever une des divisions de la ruche ; de cette manière, il ne coule presque pas de miel, et la ruche n'est pas exposée au pillage. Pour séparer les divisions, on passe entre elles un fil de fer bien mince qu'on tire à droite et à gauche, à peu près comme quand on coupe un morceau de savon avec

8.

un fil. S'il ne se trouve pas de couvain dans la division qu'on a enlevée, comme cela arrive ordinairement quinze à vingt jours après le premier essaim et à l'automne, on l'emporte chez soi après avoir fait partir les abeilles. S'il s'y trouve du couvain ou si l'on tient à conserver de beaux rayons, on remet cette division à sa place après avoir enlevé le miel. Cependant, après l'essaimage et à l'automne, il est toujours avantageux de diminuer le volume d'une ruche, parce que la population qui a diminué s'y maintient mieux dans la chaleur. 10° Pendant que la ruche est ouverte, on profite de cette occasion pour renouveler les rayons; on ôte ceux qui sont noirs, ceux qui ne contiennent que de vieux pollen. Lorsque les divisions de la ruche sont petites, qu'elles ne contiennent que deux rayons, le renouvellement des rayons s'opère sans embarras. En même temps qu'on enlève une division pleine sur le derrière de la ruche, on ajoute une division vide sur le devant, et ainsi perpétuellement (1).

En n'enlevant que le quart des provisions d'une ruche, il n'est pas à craindre de lui nuire. S'il y a quelques inconvénients à multiplier les divisions d'une ruche, ils sont bien rachetés par la facilité qu'on a plus tard pour prendre le miel, pour renouveler les rayons, et cela sans déranger les

(1) Quand il se trouve du couvain dans une division qu'on veut enlever, on place une division vide entre le corps de la ruche et cette division. La reine cesse d'y pondre, et lorsque tout le couvain est sorti des alvéoles, on l'emporte chez soi.

abeilles, sans leur nuire, sans perdre de temps, etc.

11° Dès qu'on a rétabli la ruche dans son premier état, si on a fait couler du miel pendant l'opération, il faut boucher exactement avec de la terre mouillée toutes les ouvertures, excepté celle de devant qu'on rétrécit aussi. On fait tout cela pour éviter le pillage, c'est-à-dire pour que les abeilles voisines, attirées par l'odeur du miel, ne viennent pas se faire tuer dans cette ruche ou bien la dévaliser elles-mêmes.

Voilà, mes bons amis, les observations que j'ai jugé à propos de vous exposer. La pratique vous les fera mieux comprendre et vous convaincra de la bonté de ma méthode.

ENTRETIEN VINGT ET UNIÈME.

Manipulation du miel.

M. le Curé. — Mes amis, je vous ai appris dans notre dernier entretien à extraire des ruches le miel en rayons; aujourd'hui je vais vous apprendre à extraire le miel des rayons. Cette opération est des plus importantes, parce qu'à la campagne, faute de savoir faire couler le miel, on n'en fait jamais que d'une bien médiocre qualité. On fait chauffer et on presse tout ensemble le pollen, le vieux miel, les vieux rayons et les nouveaux.

André. — C'est bien ainsi que je fais et que j'ai toujours vu faire. Vos conseils, j'en ai la confiance, monsieur le curé, nous seront très-utiles.

M. le Curé. — Pour faire couler le miel, il faut de la chaleur, ou naturelle comme celle du soleil, ou artificielle comme celle du four ou du feu. Quand on presse les rayons de miel dès qu'ils sont sortis de la ruche, ils contiennent ordinairement assez de chaleur.

Maintenant, quel que soit le procédé qu'on emploie pour faire couler le miel, l'opération la plus importante et que je vous recommande par-dessus tout, c'est de faire, dans les rayons, le choix du meilleur miel, afin de le faire couler tout d'abord.

Si vous voulez conserver du miel en rayons pour votre table ou pour vendre, vous prenez les gâteaux les plus blancs et les moins froissés ; vous les placez dans des vases de terre vernissés ; vous les couvrez et vous les portez dans un lieu frais. Le seul soin que le miel en rayons exige, c'est de le préserver du contact de l'air. Le miel est très-bon en rayons et se conserve longtemps. On ne doit pas craindre de manger avec le miel la cire, parce que celle-ci corrige les qualités ralâchantes du miel.

Voici comment vous devez procéder au choix dont nous venons de parler. Vous avez devant vous vos rayons ; vous mettez de côté tous ceux qui ne contiennent point de miel. Les rayons ou morceaux de rayons qui ne contiennent que du pollen et de vieux miel, vous les mettez aussi à part pour faire votre miel de seconde qualité.

François. — Mais, monsieur le curé, comment connaître le miel de première qualité ?

M. le Curé. — Ce miel de première qualité est ordinairement dans des rayons blancs qui n'ont pas servi de berceaux aux abeilles pour naître. C'est pour cela qu'on l'appelle miel vierge. Il est aussi dans les rayons noirs quand il n'y a pas séjourné trop longtemps. Comme on est obligé de presser les rayons avec les doigts pour que le miel puisse couler, dès qu'il sort des alvéoles, à sa couleur on en reconnaît la qualité.

Quand on n'a qu'une petite quantité de miel à faire couler, on jette dans un plat ce premier choix de rayons qu'on expose quelques minutes au soleil. Si on veut donner à son miel le parfum de quelques plantes odoriférantes, on met à travers les rayons les fleurs ou les feuilles de ces plantes : par exemple, des fleurs de rose, d'oranger, ou des feuilles de verveine des Indes, de cassis, de thym, de basilic, de menthe poivrée, connue parmi vous sous le nom de baume. Puis, quand le miel a acquis assez de chaleur pour couler, on vide le tout dans un sac, et le miel coule limpide dans le vase préparé pour le recevoir. Si on craint que le miel ne se refroidisse trop, il faut en hâter la chute en pressant le sac avec deux baguettes. Pour faire ce sac, on prend une toile claire ou une toile de canevas de la grandeur d'un mouchoir ; on réunit les coins opposés, et, après quelques points d'aiguille, on est muni de cet ustensile peu coûteux. Pendant que vos ruches seront peu nombreuses, vous pouvez employer cette méthode si simple pour manipuler votre miel, et je puis vous certifier que vous ferez de très-beau miel, pourvu que vous ayez la patience de faire un bon choix dans les rayons, comme je viens de vous l'expliquer.

Si on n'avait pas la facilité d'exposer son miel au soleil, on pourrait le placer dans un four médiocrement chaud, comme il l'est après la sortie des pains. Par cette douce chaleur, le miel a bientôt acquis la fluidité nécessaire pour couler.

Enfin voici un appareil (*fig.* 24) peu coûteux et propre à façonner le miel sans aucune perte de temps. Je vous le propose parce que vous pouvez le fabriquer vous-mêmes ou le faire exécuter par un menuisier à peu de frais. Nous appellerons cet appareil *mellificateur*. Il ressemble à une petite bâche de jardinier. C'est une caisse carrée plus ou moins grande, selon la quantité de miel qu'on a ordinairement à faire couler. Voici les dimensions de celui dont je me sers : 40 centimètres carrés dans œuvre, 35 centimètres de hauteur sur le devant, et 50 centimètres sur le fond pour l'inclinaison. La caisse est donc coupée en forme de pupitre, et elle est couverte par un châssis vitré qui laisse pénétrer la chaleur du soleil et qui se lève pour placer les rayons dans le tamis.

M. le curé présente son *mellificateur* (*fig.* 24) à ses deux disciples qui s'écrient : Oh! monsieur le curé, que votre appareil est simple et commode! Vous avez bien su trouver ce qui nous convient.

M. le Curé. — Comme vous voyez, j'ai fait acheter deux plats en terre des plus grands qu'on a pu trouver. Celui qui est au fond de la caisse est destiné à recevoir le miel ; l'autre est destiné à recevoir les rayons d'où doit découler le miel. Pour qu'il puisse couler facilement, j'ai fait partir le fond de ce plat en faisant tout autour des trous avec une mèche, puis je l'ai enveloppé d'une toile de canevas qui est reliée par-dessus afin de soutenir le poids des rayons. Enfin ce plat repose sur deux traverses fixées sur les côtés de la caisse à la hauteur voulue. Si l'on veut, on peut aussi laisser une porte sur le devant de la caisse pour sortir la terrine qui contient le miel, et sur le cadre de cette porte on peut encore adapter une vitre pour que cet appareil puisse également servir à défaut du soleil. Dans ce cas, on place la porte vitrée contre la flamme de son foyer, et le miel coule pendant que se prépare le repas. Cet appareil si simple a cela d'avantageux que, dès qu'on a choisi et écrasé ses rayons qu'on place droits ou au moins inclinés, on peut aller à son ouvrage sans aucune inquiétude, et, quand on rentre le soir, on trouve son miel tout fait. D'après mon expérience, je puis vous certifier que ce petit appareil manœuvre très-bien, et qu'il est plus que suffisant pour les habitants des campagnes, qui n'ont pas ordinairement une très-grande quantité de miel à faire couler.

Ceux qui voudront faire la dépense nécessaire pour avoir quelque chose de plus élégant feront fabriquer un grand vase en zinc qui remplira tout le fond de la caisse. A 15 centimètres au-dessus, ils établiront le tamis en toile de canevas où doivent être placés les rayons. Pour enlever ce tamis à volonté et pouvoir le laver, on plante des pointes sur les parois de la caisse ou sur un cadre intérieur, et on l'accroche tout autour par le moyen de petites boutonnières. Ce tamis doit être soutenu par quelques ficelles pour supporter le poids des rayons. Je vous rappelle de nouveau que, pour donner un parfum au miel, on place les fleurs ou les feuilles odoriférantes de manière à ce que le miel puisse couler dessus.

ANDRÉ. — Monsieur le curé, le miel coule-t-il bien facilement dans votre mellificateur ?

M. LE CURÉ.—On ne peut rien désirer de mieux. Dès qu'il est exposé au soleil ou à un feu ardent, la chaleur s'y concentre, et le miel coule rapidement. La chaleur s'y concentre tellement, qu'elle arrive souvent à un degré suffisant pour faire fondre la cire qui dégoutte dans le miel et s'y durcit. Ceci est encore un avantage du mellificateur. Cependant il est bon d'éviter de donner tant de chaleur pour le premier miel ; pour cela on place un linge sur le châssis vitré, afin d'amortir l'ardeur des rayons du soleil. Pour le second miel, on peut y laisser pénétrer toute la chaleur possible. La cire qui tombe dans le miel ne l'altère pas, parce qu'elle s'en sépare aussitôt en durcissant. Le second miel qui coule dans le mellificateur est bien supérieur au miel de premier choix qu'on fait habituellement dans les campagnes. Ceci est facile à comprendre : le miel qui coule de lui-même par son propre poids laisse sur le tamis toutes les matières qui lui sont étrangères et qui peuvent l'altérer, tandis que, comme on le pratique habituellement dans les campagnes, si l'on fait chauffer dans un vase en fer les vieux rayons remplis de miel et de pollen, et que l'on place tout cela sous le pressoir, il est certain que le miel entraînera avec lui toutes ces matières qui le colorent et lui donnent un goût désagréable. Je sais que le miel se purifie, que toutes ces matières qui sont plus légères que lui montent à la surface; mais cela ne lui ôte pas sa couleur rousse et son mauvais goût.

En finissant cet entretien, je vous ferai encore observer que le mellificateur doit être exactement fermé partout pour que les abeilles et les fourmis ne puissent pas s'y introduire. Pour cela, on colle du papier sur les fentes et les plus petites ouvertures. Toutes les fois qu'on manipule le miel, il faut se méfier des fourmis et des abeilles. Très-friandes de miel, les unes viennent en quantité innombrable pour enlever vos provisions, les autres arrivent comme en procession, se précipitent dans le miel et y périssent par centaines.

ENTRETIEN VINGT-DEUXIÈME.

Suite. — Soins à donner au miel; ses propriétés; ses usages.

FRANÇOIS. — Vous nous avez bien expliqué, monsieur le curé, comment nous devons extraire des rayons notre miel de premier choix; voudriez-vous nous dire maintenant ce qu'il faut faire pour le conserver?

M. LE CURÉ. — Lorsqu'on a obtenu de bon miel, il est tout naturel de prendre des soins pour le conserver et le vendre un bon prix. Le miel exposé à l'air s'évente et se détériore. De là, nécessité de ne pas le laisser traîner dans les terrines où il a coulé.

Il faut aussi remarquer que le miel, lorsqu'il est placé dans de jolis vases bien propres, a beaucoup plus de prix. A la campagne, on sait donner des soins même délicats au beurre, aux fromages, aux confitures; on peut donc en donner au miel, qui en exige beaucoup moins. Lorsqu'on prépare son miel pour la table, on l'arrange absolument comme les confitures de coings ou de groseilles. On le place dans de petits pots en faïence ou en verre; on couvre la surface du miel d'un papier blanc coupé en rond et trempé dans de l'eau-de-vie; puis on recouvre le pot d'un papier blanc qui se lie ou se plisse au-dessous du rebord du pot. Cette opération terminée, on place son miel dans un lieu sec et frais. Lorsqu'on a donné ces soins au miel, il se conserve très-longtemps sans se détériorer. Il peut vous être utile que je vous prévienne de vous défier des rats. Une année, j'avais placé au frais dans ma cave plusieurs pots de miel que je réservais pour ma table. Quelques semaines après, quand je voulus m'en servir, je ne trouvai que des pots vides et aussi propres que s'ils eussent été lavés. Mes rats gloutons avaient tout mangé, même le papier qui recouvrait le miel.

André. — Lorsque nous serons obligés d'envoyer notre miel un peu loin pour le vendre, comment faudra-t-il nous y prendre?

M. le Curé. — Je ne veux pas vous parler des moyens en usage et connus de tout le monde; je veux seulement vous donner une idée qui peut vous être utile. Ce miel de premier choix peut être placé dans des bouteilles en verre blanc qui permet d'en voir la beauté. Ce moyen est excellent pour préserver le miel du contact de l'air et le conserver longtemps. Lorsque les marchands voudront le vendre, ils le placeront au soleil ou vers le feu pour le liquéfier, comme on le fait pour l'huile d'olive; puis ils le placeront dans de petits pots, comme nous l'avons expliqué.

Je ne vous dirai que quelques mots sur le miel de seconde qualité. Ayant moins de prix, il exige évidemment moins de soins. Pour le fabriquer, on réunit tous les vieux rayons, le miel grainé, tous les débris d'où a coulé le miel vierge. Si on laisse couler le miel de tous ces résidus, on obtient encore souvent de beau miel. Mais si on fait chauffer le tout et qu'on le presse fortement, le miel se charge alors de beaucoup de matières étrangères. On est donc obligé de le laisser reposer pendant deux ou trois jours pour qu'il se purifie. Je vous ai fait observer, mes amis, tout ce qui peut vous être utile. Je m'arrête pour ne pas entrer dans des détails superflus.

François.— Nous vous remercions sincèrement, monsieur le curé, et nous commençons à comprendre que si l'usage était établi dans les campagnes de manipuler le miel comme vous venez de l'expliquer, personne ne trouverait cette industrie difficile ou dispendieuse.

M. le Curé. — Il y a longtemps que j'en suis persuadé. — Mettez-vous y donc vous-mêmes, et j'espère que votre exemple sera utile à tous ceux qui vous verront réussir.

Je terminerai notre entretien en vous indiquant les principales propriétés du miel et les avantages que vous pouvez en retirer. D'abord c'est une nourriture fort saine, mais un peu relâchante. « Sous ce rapport, dit Féburier, il est bien supérieur au sucre pour les enfants. Le sucre doit être exclu de leur nourriture et entièrement proscrit, parce qu'il les échauffe, à l'exception des cas où ils seraient trop relâchés. L'expérience a prouvé que l'emploi de bon miel, dans la première enfance, les développait mieux que toute autre nourriture, et qu'en le mêlant avec des fécules (au lieu de farines, telles que celle de froment qui ne doit être employée qu'après la panification) on les préservait de maladies, et surtout des coliques dites cordées, qui en font mourir un grand nombre. Aussi le pain d'épices est-il préférable pour eux à tous les bonbons sucrés. Le miel est également très-utile dans la médecine, qui en fait un grand usage comme pectoral, laxatif, détersif, aidant à la respiration, divisant la pituite grossière épaissie dans les bronches, utile contre la toux convulsive, contre la dyssenterie, enfin comme propre à arrêter les effets si terribles de l'ergot du seigle, lorsqu'on en mêle un peu dans le pain fait avec du blé qui n'a pas été bien purgé d'ergot. »

Le miel est encore un des meilleurs remèdes pour guérir les maux de gorge. Les laits de poule au miel sont un véritable velours pour cette affection qu'ils guérissent en deux ou trois jours en en faisant usage le soir et le matin. Le miel est digestif ; il est donc utile aux personnes qui ont des indispositions d'estomac.

« Le miel, ajoute encore Féburier, peut également être employé pour améliorer les vins dans les années froides, pendant lesquelles la partie sucrée des raisins ne s'est que faiblement développée. On peut en faire bouillir une certaine quantité avec un quart d'eau, et, après l'avoir écumé, on le verse tout chaud dans le moût, qui fermente mieux et plus promptement. Il est à remarquer que le miel perd la propriété de relâcher après avoir fermenté ; mais il acquiert celle d'être stomachique. »

Le miel employé à l'extérieur est adoucissant, résolutif ; appliqué sur des plaies, il les préserve du contact de l'air et les guérit promptement. Il est aussi d'un grand usage dans l'art vétérinaire pour le traitement des bestiaux.

On se sert encore du miel pour faire d'excellentes confitures. Le procédé le plus simple est celui qui est généralement employé dans les campagnes. On fait bouillir à un feu doux l'eau miellée dont nous parlerons dans notre prochain entretien ; on fait en même temps cuire au four ou sur le feu des pommes ou des poires qu'on coupe par tranches et qu'on jette dans le liquide lorsqu'il approche de l'état de sirop. On laisse cuire le tout pendant quelque temps, et l'opération est terminée.

Pour faire avec du miel d'excellentes confitures de groseilles ou de framboises, on prend une égale quantité de miel et de groseilles, ou bien on mélange groseilles et framboises. On fait cuire jusqu'à consistance de gelée. Si l'on veut que les confitures soient plus brillantes, on jette les groseilles égrainées dans le miel bouillant, et, lorsquelles ont rendu leur suc, on les laisse égoutter sans exprimer, puis on fait cuire. D'autres font bouillir le miel jusqu'à consistance de sirop, puis ils font cuire au four des fruits entiers ou en morceaux ; ils les trempent plusieurs fois dans le sirop et les font sécher. Toutes ces confitures peuvent être très-utiles dans le ménage ; elles sont un aliment qui plaît beaucoup aux enfants et qui convient parfaitement à leur estomac, et bon nombre de grandes personnes sont enfants sur ce point. Les confitures bien faites ont le grand avantage de se conserver sans le moindre soin et d'être toujours prêtes à manger sans apprêts. Je ne vous ai indiqué que les méthodes les plus simples, parce qu'elles sont les plus pratiques et celles dont on ne se lasse jamais.

ENTRETIEN VINGT-TROISIÈME.

Manière de faire l'hydromel et de fondre la cire.

M. le Curé. — Quand le miel est extrait de la cire par les moyens que nous avons indiqués, on peut encore en tirer de l'eau miellée dont on fait de l'hydromel ou des confitures, ou bien que l'on réduit en miel par l'évaporation de l'eau. Voici comment l'on opère : on verse sur toute la cire où il y a du miel l'eau dans laquelle on a lavé ses instruments et ses mains pendant l'opération ; on y joint l'écume de la deuxième qualité de miel ; on met assez d'eau pour faire tremper le marc. Il est bon cependant de séparer le pollen autant que possible, parce qu'il donne un mauvais goût. Lorsque ces matières ont trempé un jour au moins, selon le degré de chaleur, on les presse de nouveau. Le miel qu'on extrait par cette pression est grossier et chargé d'eau. Si l'on veut en tirer parti comme miel, on fait évaporer

9

l'eau sur un feu doux. Ce miel peut servir pour les bestiaux ou la nourriture des abeilles.

Hydromel veut dire breuvage fait avec de l'eau et du miel. Cette boisson est agréable et bienfaisante ; elle est saine parce qu'elle est adoucissante et laxative. Il est bien à désirer que les habitants des campagnes sachent le fabriquer et en faire usage, aujourd'hui surtout que le vin devient rare et cher. La bonté de l'hydromel dépend de la plus ou moins grande quantité de miel qui est mélangé avec l'eau. Il y en a donc de plusieurs qualités. Le moindre est celui qui ressemble à du cidre, et le plus excellent est celui qui rivalise avec le vin d'Espagne.

André. — Je n'avais jamais entendu parler de cette espèce de breuvage. Veuillez donc nous dire, monsieur le curé, comment se fabriquent les différentes sortes d'hydromel.

M. le Curé. — D'abord, quant à l'eau miellée dont nous venons de parler, on la fait bouillir à un feu doux, et après l'avoir fait passer par une chausse de laine ou tout autre linge épais, on la met dans une futaille, où, par une fermentation lente, elle se réduit en un hydromel commun, mais fort sain. Cette fermentation a lieu à peu près comme pour le vin blanc, et on agit de même. Pour donner de l'arôme à l'hydromel, on fait bouillir du genièvre avec l'eau miellée.

Dans les chaleurs de l'été, on peut faire une liqueur très-rafraîchissante avec trois parties d'eau, une de miel et du jus d'un fruit un peu acide, comme groseilles ou framboises. L'écorce d'orange ou de citron bien brisée lui donne du montant. On ne laisse pas fermenter cette boisson, qu'on ne fabrique qu'à mesure du besoin. On la tient dans un lieu frais pour retarder la fermentation jusqu'à ce qu'on l'ait consommée.

Voici maintenant, d'après Féburier, la méthode pour faire un hydromel qui peut remplacer les vins de liqueur, et qui est aussi agréable au goût que le vin d'Espagne.

On mêle trois parties d'eau pure avec une partie de miel de bonne qualité. Par exemple, on fait dissoudre 2 kilogrammes de miel dans 10 kilogrammes d'eau ; on place ce mélange sur le feu ; on le remue avec une spatule pour faciliter la fonte du miel et l'empêcher de prendre un goût de brûlé ; on le fait bouillir doucement jusqu'à ce qu'il ait la consistance nécessaire pour qu'un œuf frais y surnage ; on écume bien pendant la cuisson. On a un ou plusieurs barils qu'on a bien nettoyés avec de l'eau bouillante. On y met les substances dont on veut donner le goût et l'odeur à l'hydromel, et on les remplit de la liqueur encore bouillante. Si on ajoute au miel des sucs de fruits ou quelques aromates, l'hydromel prend par ce moyen des saveurs plus ou moins recherchées. C'est avec cet hydromel qu'on imite les vins de Malvoisie, de Malaga, etc.

On expose les barils à l'ardeur du soleil pour exciter la fermentation, qui dure six semaines environ. La liqueur jette beaucoup d'écume et diminue un peu ; mais on remplit le baril de temps à autre avec un peu de la même liqueur qu'on a conservée à cet effet. Lorsque la fermentation est arrêtée, on bonde le baril, on le place dans un lieu frais, et on le remplit tous les quinze jours.

Lorsque la liqueur a acquis les qualités que l'on désire, on la met en bouteilles qu'on laisse debout pendant un mois, les bouchons enfoncés à moitié. Ensuite on achève d'enfoncer les bouchons, et on couche les bouteilles.

Si l'hydromel avait conservé un goût de miel au moment de le mettre en bouteilles, il faudrait préalablement le lui faire perdre en y mettant un peu de fleurs de sureau ou un peu de girofle.

André. — Nous vous remercions, monsieur le curé, de tant de choses nouvelles que vous nous apprenez et que nous ne soupçonnions même pas. Nous vous promettons de profiter de vos bonnes leçons.

Auriez-vous maintenant la bonté de nous expliquer comment se manipule la cire? Ne sachant pas l'extraire des rayons, en attendant un acheteur, souvent j'en ai laissé dévorer une grande partie par la teigne.

M. le Curé. — Pour que ce petit malheur ne vous arrive plus, je vais vous donner les méthodes les plus simples. Je vous ai conseillé de prendre du miel dans vos ruches en diverses circonstances ; or, pour ne pas laisser gâter votre cire, il ne faut pas trop retarder de l'extraire des rayons. A cet effet, vous prenez un chaudron ou une marmite que vous remplissez à moitié ou aux deux tiers d'eau; lorsqu'elle commence à bouillir, vous jetez votre marc et vos rayons dedans. Pour qu'ils n'aient pas autant de volume, on les trempe dans l'eau chaude et on les presse dans ses mains. Il faut modérer l'ébullition et prendre garde que le feu ne prenne à la cire. On calme l'ébullition en y jetant un peu d'eau froide. Au bout de quelques instants, la cire fond, les immondices s'en séparent et surnagent. Enfin on laisse refroidir, et l'on obtient un pain de cire dont le dessus est formé d'écume et de divers débris et le dessous d'une belle cire. Vous ôtez les immondices, et votre cire n'a plus rien à craindre de la teigne. Vous pouvez opérer ainsi toutes les fois que vous avez récolté du miel et que vous avez à craindre que votre cire ne se gâte. Pour faire cette opération, il faut peu de temps. A la fin de la saison, vous épurez davantage cette cire pour en former des pains et la vendre.

Il ne faut pas cuire beaucoup la cire, parce qu'elle devient trop cassante, sèche et brune. Il ne faut donc avoir qu'un feu bien modéré.

Pour épurer entièrement la cire, il y a plusieurs moyens. 1° On peut renouveler une ou deux fois l'opération dont nous venons de parler. 2° Quand la cire est bien fondue, on verse le tout dans un canevas fort et clair qu'on place sous la presse. Le baquet dans lequel la cire tombe doit contenir de l'eau tiède. Lorsqu'on a pressé suffisamment, qu'il ne coule plus de cire et qu'on peut la manier dans le baquet sans crainte de se brûler, on la pétrit par petites portions dans le baquet, puis on la jette dans un autre baquet rempli à moitié d'eau claire et chaude. C'est en passant par différentes eaux qu'elle dépose toutes les matières hétérogènes qu'elle contient et se trouve purifiée.

Toute la cire étant bien lavée, on la fond une seconde fois à un feu très-doux ; on l'écume si on y aperçoit des saletés, et enfin on la prend avec une grande cuillère pour la verser dans les moules. Quand elle est figée à moitié, si on craint qu'il ne se forme des crevasses, on passe un couteau entre le moule et la cire. Les moules sont en terre vernissée ou en fer blanc; ils sont faits de manière à donner à la cire la forme d'une brique.

Quand on n'a pas de pressoir, voici une autre méthode proposée par Féburier et Frarière : « Le moyen le plus simple, dit ce dernier, pour extraire la cire des rayons ou gâteaux consiste à les mettre dans un sac de toile claire qu'on maintient dans une chaudière d'eau bouillante. Pour que ce sac ne touche pas le fond, on place au-dessous quelques tringles de bois ; on en place aussi quelques unes au-dessus, en travers de la chaudière, pour l'empêcher de surnager, pour le maintenir à trois ou quatre centimètres au-dessous de la surface de l'eau. On doit avoir soin d'entretenir l'eau bouillante au moyen d'un feu doux. La cire ne tarde pas à se fondre, et comme elle est plus légère que l'eau, elle s'élève à la surface. On peut l'enlever à mesure qu'elle se rassemble et la verser dans un grand vase plein d'eau chaude. Le peu d'ordures et la matière colorante qui se trouvent encore mêlées à la cire s'en séparent naturellement, et la masse, en se refroidissant, se trouve presque assez ferme pour pouvoir être livrée au commerce sans autre préparation.

« Ce mode d'extraction est beaucoup plus prompt et moins embarrassant que celui qui est ordinairement mis en pratique. On éprouve moins de perte ; on ne risque pas de chauffer la cire à un point qui rende son blanchissement plus difficile à obtenir et son odeur moins agréable. »

Je crois, mes amis, qu'avec ces explications vous pourrez manipuler votre cire sans le secours d'autrui ; d'autant mieux qu'avec ce dernier moyen une femme de ménage ne sera pas plus embarrassée que pour faire cuire ses confitures.

ENTRETIEN VINGT-QUATRIÈME.

Mortalité des abeilles. — Leurs maladies. — Soins à leur donner pendant l'hiver.

M. LE CURÉ. — Ce qui fait le désespoir des apiculteurs, c'est la mortalité qui, lorsque les années sont mauvaises, occasionne de si grands ravages dans les ruchers. Quoi de plus décourageant, en effet, que de voir périr, dans certains hivers, les deux tiers de ses ruches, et, si on n'est pas bien muni en abeilles, de les perdre entièrement ?

Cependant c'est n'être pas raisonnable que d'abandonner les abeilles à cause de quelques accidents. On perd souvent dans le commerce les gains de plusieurs années, et on n'abandonne pas pour cela son commerce. Parmi ceux qui ont du courage et de la persévérance, on en voit souvent qui arrivent à une grande fortune. La grêle tombe sur nos champs, nous n'en abandonnons pas pour cela la culture. Si, mes amis, vous aviez abandonné la culture de vos vignes quand la maladie appelée l'oïdium vous en enlevait toute la récolte, n'auriez-vous pas de grands regrets, aujourd'hui que le vin, même commun, est devenu fort cher? Dans l'apiculture, comme dans toute autre industrie, on peut éprouver des pertes, être trompé dans ses espérances ; mais ce n'est pas une raison pour abandonner entièrement la culture des abeilles.

André. — Il me semble que ce qu'il y a de plus raisonnable, c'est de rechercher la cause de cette mortalité, et de prendre des précautions pour l'éviter et conserver la vie précieuse de ses abeilles. Je ne doute pas, monsieur le curé, que vous n'ayez quelque bonne recette pour atteindre ce but.

M. le Curé. — La première et la principale cause de la mortalité des abeilles, c'est le manque de provisions : les abeilles meurent de faim. Il est certain que la famine en fait périr dix fois plus que les maladies. Si donc vous faites en sorte que vos abeilles puissent recueillir d'assez abondantes provisions pour passer l'hiver, vous leur avez par là même sauvé la vie.

François. — C'est évident, monsieur le curé ; mais quel est le moyen de leur faire ramasser des provisions suffisantes pour traverser l'hiver ?

M. le Curé. —Avant de vous indiquer ce moyen, il faut que je vous fasse remonter à la source du mal, toucher du doigt la cause pour laquelle tant de ruches ne recueillent pas les provisions qui leur sont nécessaires pour leur subsistance. Eh bien ! cette cause, que je regarde comme capitale, est dans l'essaimement qu'on abandonne au caprice des abeilles et qu'on ne sait nullement diriger. De même qu'on laisse épuiser et périr un arbrisseau quand on n'a pas soin de retrancher les rejetons qui poussent par le pied ou certaines branches gourmandes, de même on laisse s'épuiser et périr un rucher quand on permet à ses ruches, dans un temps inopportun, de trop se fractionner ou de diviser leurs populations par des essaims médiocres, faibles et tardifs. Voici ce que j'ai remarqué dans les mauvaises années où il périt tant d'abeilles. Une ruche qui est faible au printemps, et qui, pour cette raison, n'essaime pas, parvient à se fortifier et à recueillir assez de provisions pour passer l'hiver. Chacun peut observer ceci dans les années de grandes pluies ou de grande sécheresse. A côté d'elle se trouve une bonne ruche qui a trois ou quatre fois plus de prix. Cette bonne ruche essaime, mais trop tard; elle produit deux ou trois essaims. Ainsi fractionnée, que va-t-elle devenir? Le second et le troisième essaim souvent ne vivent pas jusqu'à l'automne. Le premier n'est fourni alors que de 2 à 3 kilogrammes de provisions. La ruche-mère, trop dépeuplée, est menacée de la fausse teigne; si elle échappe à ce danger, elle est obligée de dépenser tout le miel et le pollen qui est dans l'habitation pour élever le couvain et se repeupler. Dans la triste saison d'automne, elle peut à peine recueillir la moitié de ses provisions. De sorte que, en réunissant toutes ces populations, on peut à peine en former une ruche suffisamment approvisionnée. Si on ne les réunit pas, elles périssent toutes, et c'est ainsi qu'une bonne ruche se détruit elle-même en essaimant trop en temps inopportun. Ce qui arrive à une ruche peut arriver à plusieurs, et c'est ainsi que ceux qui ne s'occupent pas de leurs abeilles, ou qui ne savent que leur donner des soins insignifiants, perdent dans les mauvaises années les trois quarts de leurs ruches. Ils ne conservent que les essaims très-forts, les ruches qui n'ont pas essaimé et les ruches-mères qui avaient des provisions depuis plusieurs années.

ANDRÉ. — Ce que vous nous dites, monsieur le curé, est très-vrai ; je l'ai déjà observé plusieurs fois moi-même.

M. LE CURÉ. — Oui, l'essaimement trop retardé et trop multiplié dans les mauvaises années, voilà la cause principale des grandes mortalités d'abeilles. La source du mal trouvée, il est facile d'en indiquer le remède. Le temps de l'essaimage peut durer environ six semaines. Dans notre contrée (1), les essaims précoces arrivent à la fin du mois d'avril et au commencement du mois de mai. A cette époque et dans les bonnes années, les seconds et même les troisièmes essaims recueillent assez pour s'hiverner. Mais quand nos ruches ne se préparent à essaimer qu'à la fin de mai ou au commencement de juin, soit à cause de la faiblesse des ruches, soit

(1) A Montluel et aux environs de Lyon.

à cause des pluies ou des fraîcheurs du printemps, c'est alors qu'il faut prendre des précautions si l'on veut éviter la mortalité.

François. — Que faut-il donc faire, monsieur le curé ?

M. le Curé. — Si une ruche qui se prépare à essaimer n'est pas très-forte en population, il faut l'empêcher d'essaimer, et si elle essaimait, il faudrait lui rendre son essaim. Pour les ruches très-fortes, il faut avoir bien soin d'empêcher les seconds et les troisièmes essaims, et si les premiers essaims ne pesaient pas au moins 4 kilogrammes 1/2, il faudrait les fortifier par les moyens que je vous ai indiqués dans notre xive entretien. Je vous rappellerai encore ici ce que je vous ai dit : que, de tous les moyens pour empêcher une ruche d'essaimer, le meilleur et le seul infaillible, c'est d'enlever les cellules royales.

André. — Mais, monsieur le curé, ce moyen est bien difficile.

M. le Curé. — Pas plus difficile que d'arracher des rejetons au pied d'un rosier. Je vous ai dit qu'on aperçoit facilement les cellules royales. Au commencement, elles sont grosses comme des capsules de glands, et quand elles sont plus avancées, elles sont plus grosses que le gland lui-même (*fig.* 27). Pour faire cette opération, on enfume la ruche, on la renverse, et l'on se met bien au jour. Quand ces cellules sont placées en bas des rayons du centre, on les enlève avec un couteau ordinaire. Si elles ne sont pas à cette place, il faut les chercher plus avant au milieu des rayons ; puis on les arrache avec le couteau en forme de crochet dont je vous ai parlé dans l'entretien xxe. Pour faire ce travail plus facilement et plus sûrement, on peut ôter les portes de la ruche et la diviser. Les cellules royales étant supprimées, on remet la ruche à sa place, et on n'a plus à s'en inquiéter ; tandis qu'en l'abandonnant à elle-même, il faut soigner les essaims, les arrêter, les recueillir, plus tard réunir ces ruches faibles, leur fournir du miel et être exposé à tout perdre, son temps, ses peines, son miel et ses abeilles. Il ne faut donc pas regretter de perdre quelques minutes pour se former une ruche forte qui sera à l'abri de tout danger et qui n'exigera plus aucun soin.

Tout ceci est la conséquence du principe que nous avons établi, qu'une ruche forte recueille quatre fois, six fois plus que les ruches faibles. Par conséquent, une ruche dont on ne laisse pas diviser la population ramassera 15 kilogrammes de provisions dans une saison très-défavorable, pendant que, dans le même temps, elle ne ramasserait pas 2 ou 3 kilogrammes si on la laissait se diviser en deux ou trois colonies.

André.— Je crois bien, monsieur le curé, que ceux qui ont un peu observé les abeilles seront forcés de croire ce que vous dites. Mais qui osera renverser une ruche, la diviser, fouiller dans les rayons, en un mot braver cette armée d'abeilles plus redoutables en quelque sorte avec leurs dards qu'un bataillon de zouaves?

M. le Curé. — C'est là, en effet, la difficulté. On craint les abeilles ; on a été piqué une fois ou deux, et on n'ose jamais plus en approcher. On fait comme un lâche soldat qui, ayant reçu une légère blessure, ne veut jamais retourner au combat. Mais ici il n'est pas question d'un combat, d'une bataille avec les abeilles. Je ne suis pas assez imprudent pour conseiller à qui que ce soit de s'exposer à recevoir le venin de leurs aiguillons. Cependant je voudrais dissiper ces craintes d'enfants, qui sont nuisibles à l'apiculture, qui en empêchent les progrès. Parce qu'on craint les abeilles, on n'en veut pas voir dans son jardin ; parce qu'on craint les abeilles, on les étouffe pour prendre leur miel ; parce qu'on craint les abeilles, on ne veut pas faire les opérations les plus avantageuses pour leur prospérité.

Mais que les habitants des campagnes veuillent donc bien nous faire le plaisir de nous écouter ; nous leur parlons dans leur intérêt. Avec la fumée d'une pipe qu'on tient à la bouche ou avec celle d'un enfumoir qu'on tient à la main, on rend les abeilles aussi douces et aussi inoffensives que tous les animaux domestiques ; elles ne sont pas plus à redouter que les lapins, les poules, les pigeons, etc. La fumée *charme* les abeilles, comme on dit dans les campagnes ; c'est-à-dire elle les épouvante et les incommode tellement qu'elles ne songent plus à piquer. Cet instinct chez elles est paralysé par la frayeur, qui est aussi l'instinct de la conservation. L'effroi d'ailleurs rend inoffensifs même les animaux féroces. L'animal qui se sent plus fort que son ennemi se précipite sur lui ; s'il se sent le plus faible, au contraire, il prend la fuite.

François. — J'ai entendu dire que la fumée fait du mal aux abeilles.

M. le Curé. — Illusion, erreur. La fumée ne fait point de mal aux abeilles, quand on s'en sert avec la modération que je recommande. Ainsi, mes amis, le cavalier dirige la marche de son coursier avec ses éperons, le berger conduit son troupeau avec sa houlette, et l'apiculteur gouverne ses abeilles tout simplement avec de la fumée. Courir après un meilleur expédient, c'est chercher midi à quatorze heures.

Disons maintenant quelques mots de la principale maladie des abeilles, que l'on nomme dyssenterie. Cette maladie est causée par l'air humide qui s'introduit dans la ruche et par la mauvaise nourriture qu'on leur donne. 1° L'humidité corrompt leur nourriture et vicie l'air qu'elles respirent. Respirer un air pur est une condition de leur vie tout comme pour nous. Aussi, pour guérir les abeilles de la dyssenterie, les observateurs disent qu'il suffit de faire pénétrer dans la ruche de l'air pur. A cet effet, on renverse la ruche sens dessous dessus, ou bien l'on place des cales sous cette ruche malade, et on en laisse les deux entrées ouvertes pour laisser pénétrer le bon air. D'excellents apiculteurs prétendent que le courant d'air par le haut de la ruche est nuisible aux abeilles, tandis que par le bas, par les deux petites entrées opposées, il leur est salutaire et empêche la moisissure des rayons.

Pour visiter ses ruches pendant l'hiver, on les détache de leur tablier. Une fois la propolis brisée, on peut pencher les ruches sur le côté, les renverser ; pourvu qu'on ne donne pas de secousse, les abeilles ne se remuent pas. On place une ruche à terre, et on en nettoie le tablier. On enlève les parties de rayons qui se moisissent, afin que l'air pur puisse mieux circuler.

Ce qui, en second lieu, occasionne la dyssenterie aux abeilles, c'est quelquefois la mauvaise nourriture qu'on leur donne : par exemple, de vieux miel éventé, du miel mélangé avec de l'eau ou du vin, des sirops trop aqueux, etc. Dans notre entretien XVIIIe, je vous ai parlé de la manière de fournir des provisions aux abeilles ; j'ajouterai seulement ici que si vous étiez obligés de leur donner de la nourriture pendant l'hiver, vous ne devez leur donner que de bon miel, du miel pur qui ne soit mélangé avec aucun ingrédient. Je ne suis pas partisan de toutes les autres nourritures qu'on a imaginées, parce qu'elles sont aussi dispendieuses et produisent de mauvais résultats.

Voici une excellente méthode dont il n'est fait mention dans aucun ouvrage, et qui peut se pratiquer même avec les ruches d'une seule pièce. Ce qu'on peut faire de mieux, c'est de verser le miel dans les rayons à côté des abeilles, afin qu'elles ne se dérangent pas. Pour y parvenir, on fait avec une branche de sureau, ou autrement, un petit conduit qui porte le miel à côté des abeilles, comme une chanée de moulin conduit l'eau sur la roue. On place sa ruche dans un appartement, dans une cave; on la couche de manière que les rayons soient à plat. On fait chauffer son miel pour qu'il coule avec facilité; on le verse dans le conduit, qui le répand sur chaque rayon, tout proche des abeilles. On couvre la ruche d'un linge pour que les abeilles ne sortent pas, et quand on présume qu'elles ont enlevé le miel, on replace la ruche sur son tablier. En faisant cette opération la nuit, les abeilles ne se remuent presque pas, et il n'en périt aucune. Mais si quelques beaux jours arrivent, il faut prendre garde qu'elles ne sortent, ou en les mettant dans l'obscurité, ou en les enveloppant d'un linge qui passe par-dessous le tablier de la ruche.

ENTRETIEN VINGT-CINQUIEME.

Lois sur les abeilles. — Connaissances diverses utiles à un apiculteur.

M. LE CURÉ. — Je vais, mes amis, dans cet entretien, vous lire quelques notes sur différentes choses qu'on est bien aise de connaître quand on s'occupe d'abeilles.

1° Ecoutez une explication sur les lois qui les concernent.

LOIS SUR LES ABEILLES.

Extrait de la loi du 28 septembre 1791 :

« Le propriétaire d'un essaim a droit de le réclamer et de s'en saisir, tant qu'il n'a pas cessé de le suivre ; autrement l'essaim appartient au propriétaire du terrain sur lequel il est fixé.

« Un essaim qu'on aperçoit en l'air, et qui n'est

pas suivi, appartient aussi à celui qui l'a aperçu et qui le suit.

« Les ruches d'abeilles ne peuvent être saisies ni vendues pour contributions publiques, ni pour aucunes causes de dettes, si ce n'est par celui qui les a vendues ou celui qui les a concédées à titre de cheptel ou autrement.

« Pour aucunes causes il n'est permis de troubler les abeilles dans leurs courses et travaux ; en conséquence, même en cas de saisie légitime, les ruches ne peuvent être déplacées que dans les mois de décembre, janvier et février. »

Le propriétaire de ruches qui s'aperçoit qu'un essaim sort de chez lui doit avertir qu'il le suit par cris ou bruit quelconque, et le ressaisir quand il sera fixé, et cela sans passer par-dessus les clôtures ; bien entendu que si la suite et la prise de l'essaim cause du dégât, il doit le payer avant que d'emporter l'essaim.

Art. 524 du code civil. « Sont immeubles par destination, quand elles ont été placées par les propriétaires pour le service et l'exploitation du fonds, les ruches à miel. »

D'après cet article, celui qui vend une propriété sur laquelle il y a des ruches d'abeilles ne peut les faire enlever, non plus que les ustensiles nécessaires à leur exploitation, s'il ne les a expressément exceptés de la vente.

M. Baudet, dans son traité d'apiculture, a une dissertation intéressante sur la manière dont les légistes interprètent la loi de 1791. Il cite d'abord le droit romain, qui classait les abeilles parmi les animaux sauvages. *Apes, cum eorum fera sit natura, antequam alveis privatorum includantur, sunt res nullius et fiunt occupantium.* « Puisque les abeilles sont, par nature, sauvages avant qu'elles soient renfermées dans les ruches des particuliers, elles n'appartiennent à personne et deviennent la propriété de ceux qui s'en emparent. » *Ita tamen ut si dominus apium eas involare viderit et insecutus fuerit, illas neutiquam amittat.* « De sorte que cependant, si le propriétaire des abeilles les a vues s'envoler et les a suivies, il en conserve la possession. » *Naturalem autem libertatem recipere intelligitur, cum vel oculos tuos effugerit vel ita sit in conspectu tuo, ut difficilis sit ejus persecutio.* « Les abeilles sont censées recouvrer leur liberté naturelle lorsqu'elles ont fui loin de vos yeux, ou bien lorsqu'en votre présence leur poursuite est difficile. » Tel est le droit romain.

Maintenant comment faut-il entendre la loi de 1791 ? « Le propriétaire d'un essaim a droit de le réclamer et de s'en ressaisir, tant qu'il n'a pas cessé de le suivre. » Ces paroles sont claires, mais celles qui suivent ne le sont pas : « Autrement l'essaim appartient au propriétaire du terrain sur lequel il est fixé. »

« Est-ce là une innovation ? dit M. Baudet, qui a dû certainement consulter les légistes, hommes compétents. Le législateur a-t-il voulu dire que les abeilles deviennent la chose du propriétaire du fonds, comme accessoire de ce même fonds ?

Ou bien doit-on, même sous l'empire de la loi de 1791, décider, comme en droit romain, que les abeilles appartiennent au premier individu qui s'en empare, tant qu'elles ne sont pas renfermées dans une ruche ?

Les auteurs sont partagés sur cette question.

« La loi, dit M. Dalloz, met fin à toute réclamation par l'énoncé de ce fait que là où l'essaim s'est fixé, là expire le droit de l'ancien propriétaire qui n'a pas suivi l'essaim ; mais elle n'entend pas et ne peut pas enlever aux abeilles leur caractère sauvage. Elles sont toujours *res nullius et fiunt occupantium ;* elles n'appartiennent à personne et deviennent la propriété de celui qui s'en empare. Ceci a l'importance que voici : c'est que le premier passant qui voit un essaim s'abattre sur un arbre a le droit de s'en emparer. Et comment n'en serait-il pas ainsi ? Est-ce que les oiseaux sauvages qui s'arrêtent dans notre pièce d'eau sont notre propriété ? Est-ce que le lièvre ou le lapin de passage sur notre terrain devient notre propriété exclusive, de telle sorte que le chasseur qui l'aura tué ou pris sera considéré comme un voleur et pourra être poursuivi en police correctionnelle ? Non, certes ; personne n'oserait l'affirmer. »

J'ajoute que s'il fallait entendre cette partie de la loi selon le premier sens que présente la lettre (*in sensu obvio*), il s'ensuivrait qu'on ne pourrait pas recueillir la plus grande partie des essaims fugitifs. Ainsi je trouve deux essaims dans une forêt (et je puis dire la même chose d'un verger) : si ces essaims appartiennent au propriétaire de la forêt, il s'ensuit que je ne puis pas plus les recueillir que je ne puis couper le bois. Evidemment le législateur n'a pu vouloir cela, et le bon sens public ne l'a jamais compris ainsi (1). Telles sont cependant les conséquences que sont obligés d'admettre ceux qui veulent prendre la loi à la lettre.

« M. Fournel, continue l'auteur déjà cité, décide que l'essaim appartient au propriétaire du terrain sur lequel il s'est fixé, mais seulement en tant qu'il sera le premier occupant ; de sorte que si le propriétaire du sol est devancé par quelqu'un dans la possession de l'essaim, ce dernier en devient propriétaire, quoique l'essaim ne se trouve pas sur sa propriété. C'est là, il nous semble, la véritable interprétation qu'il faut donner à la loi de 1791. » Par conséquent, un essaim abandonné appartient au premier occupant, et le propriétaire du terrain où l'essaim se fixe ne peut le réclamer qu'autant qu'il est le premier occupant (2).

(1) Il faut rendre justice à nos paysans : il n'ont pas souvent des querelles au sujet des abeilles. Ordinairement ils savent s'entendre, parce qu'ils prétendent que les querelles les font périr. Sans approuver ce motif, il serait bien à souhaiter qu'ils sussent faire de même pour tout le reste.

(2) J'ai soumis ces notes à un honorable magistrat qui a eu la bonté de compulser ses livres et de me répondre qu'on

2° Je vous ai parlé de la nécessité d'empêcher les seconds essaims ou de les rendre à la ruche-mère. Il arrive souvent qu'une ruche essaime sans qu'on soit présent. On trouve l'essaim posé dans le jardin ou à quelque distance du rucher, et il est quelquefois impossible de distinguer de quelle ruche il est sorti. Pour le connaître, voici le moyen qu'on peut employer. On met quelques abeilles de l'essaim dans un verre ou tout autre vase qu'on recouvre d'une toile claire. Le soir, après le coucher du soleil, quand le mouvement des abeilles est terminé, on leur rend la liberté, et elles retournent dans la ruche d'où elles sont sorties. Pour opérer pendant le jour, on cache l'essaim, on poudre de farine les abeilles captives, on leur rend la liberté, et, après quelques contours, elles retournent à leur ancienne demeure. On les reconnaît comme quelqu'un qui sort du moulin. Quand plusieurs ruchers sont rapprochés, on peut aussi, par ces moyens, connaître de quel rucher est venu un essaim qu'on n'a pas vu sortir de la ruche.

3° C'est un fait bien constaté que la cire et le miel attirent les essaims. Quand des abeilles ont péri pendant l'hiver dans une ruche, dans une cor-

ne pouvait rien trouver de plus clair sur cette question. Il faut avouer cependant que notre législation sur les abeilles laisse beaucoup à désirer. Espérons que, dans le code rural qui se prépare, l'attention de nos législateurs se portera sur diverses questions d'apiculture qui, pour le progrès de cette précieuse industrie, ont besoin d'être réglées et précisées.

niche de toit, dans une cheminée, dans le creux d'un arbre, il est rare que durant l'essaimage quelque essaim ne vienne s'y établir. J'ai vu plusieurs fois des essaims étrangers venir se placer ainsi dans mes ruches, et mes propres essaims aller se fixer dans une demeure de ce genre qu'ils avaient choisie. Il est utile, mes amis, que vous ayez la connaissance de ce fait, parce que, dans la saison des essaims, vous pouvez attirer dans des ruches vos propres essaims et même des essaims fuyards (1). Les abeilles ne font pas attention à une ruche où il n'y a ni cire ni miel. Pour les attirer, voici donc ce que vous faites. Si vous avez des ruches garnies de cire, vous vous contentez d'y verser un peu de miel. (Avec mes ruches, on peut toujours avoir des divisions où il y a de la cire.) Si vous n'avez que des ruches vides, vous en préparez quelques unes en les frottant avec de la mélisse. Vous fixez à l'intérieur un ou deux gâteaux de cire où vous pouvez facilement verser du miel. Vous placez ces ruches sur des piquets, sous un toit, sur des arbres ; mais il faut avoir soin de les préserver de la pluie et des four-

(1) Si, par ce procédé, on n'attire que ses propres essaims et des essaims fuyards, il est évident qu'on peut l'employer ; mais si on devait attirer les essaims d'un rucher peu éloigné, il me semble qu'il ne serait pas délicat ni même consciencieux de s'en servir. Je fais cette remarque, parce qu'il ne me conviendrait pas de donner un conseil qui pût occasionner quelques querelles ou blesser le moins du monde la conscience.

mis. Pour intercepter tout passage aux fourmis, on se sert de goudron ou de la graisse qui est employée pour les roues des voitures. On peut aussi placer des ruches dans les bois, dans des lieux retirés, où souvent des essaims viennent chercher une demeure, attirés par la quantité de miel qui se trouve dans le calice des fleurs. Lorsque vous verrez les abeilles fourrières sortir d'une de ces ruches que vous avez préparées, s'agiter autour, nettoyer même cette ruche, vous pouvez compter que bientôt un essaim viendra s'y établir. Lorsqu'une ruche est occupée par un essaim, vous la portez au rucher, et vous en mettez une autre à sa place.

4° Dernièrement, je demandais à un habile praticien s'il laissait bien vieillir les rayons de cire dans les ruches. Il me répondit : « Quand l'intérieur de la ruche est bien bâti, quand les rayons n'ont jamais moisi et que les abeilles y prospèrent, je garde ces rayons jusqu'à sept et même huit ans. L'intérieur de la ruche est mal bâti quand il s'y trouve beaucoup de cellules à faux bourdons. Je ne conserve pas ce travail, parce que ces ruches ne donnent pas de bénéfice. Les bourdons ne recueillent rien et consomment beaucoup ; ils sont donc toujours très-nuisibles quand ils sont nombreux. Pour les détruire, j'attaque le mal dans sa racine. Après l'essaimement, j'ôte les rayons qui ont beaucoup d'alvéoles de faux bourdons. Ordinairement les rayons qui sont construits de nouveau sont formés d'alvéoles où il ne naît que des abeilles ouvrières.

Si les rayons se construisent mal une seconde fois, alors je les ôte, et je les remplace par des rayons d'ouvrières que je prends dans d'autres ruches. »

Avec ma ruche qui s'ouvre, le travail dont il est ici question est très-facile. J'approuve cette pratique, et je la conseille à tous ceux qui auront du temps et de l'habileté pour la suivre.

5° Mais je n'approuve pas l'exagération de quelques auteurs modernes qui font de la destruction des bourdons une condition essentielle de succès. A les entendre, détruire les faux bourdons par tous les moyens possibles, c'est en cela que consiste tout l'art de faire prospérer les abeilles. Ils cherchent même à établir un fait qui est contre l'histoire naturelle, et qui est contraire aux expériences si sérieuses et si multipliées d'Hubert, qui est un véritable docteur en apiculture et un modèle de modestie pour les savants. Avant de rendre compte de certains faits, il commence souvent par ces paroles : « Je ferais mieux sans doute de répondre à cette question, comme à tant d'autres, par un simple aveu de mon ignorance. »

Le fait avancé est celui-ci : Tous les œufs que la reine pond sont d'une même nature, c'est-à-dire qu'ils ne sont ni mâles ni femelles. Si la reine les dépose dans des cellules d'ouvrières, il éclôt des abeilles ouvrières ; si elle les dépose dans des cellules de mâles, il éclôt des mâles, et si c'est dans des cellules de reines, il éclôt des reines. Le fait est certain pour du couvain d'ouvrières placé dans des cellules de reines. Mais que tous les œufs de la reine éclosent en faux bourdons ou en ouvrières par la raison seule qu'ils croissent dans des alvéoles de bourdons ou d'ouvrières, cela n'est pas probable. Il y a dans Hubert un plein volume de preuves contre cette assertion.

Pour mon compte, je crois que la ponte de la reine a lieu d'une manière régulière; puis, selon les circonstances, les abeilles nourrices élèvent ce qui convient et détruisent ce qui ne convient pas. Ainsi, dans une ruche où il y a peu d'alvéoles de bourdons, lorsque la reine pond des œufs de mâles, les abeilles ouvrières les détruisent, tout comme dans une ruche faible elles détruisent les œufs d'ouvrières qu'elles ne peuvent pas nourrir. Ainsi, quand une ruche est très-faible, quoiqu'il y ait beaucoup de cellules de bourdons, on n'y voit pas éclore un seul bourdon pendant toute la saison.

6° En préparant une ruche, il est bon de placer un rayon régulateur au centre ou dans la division de derrière, si on n'a que de vieux rayons. Cette précaution, il est vrai, n'est pas de la dernière nécessité, mais elle est très-utile, parce qu'on n'est pas obligé de passer un fil de fer pour séparer les divisions, quand les rayons sont construits d'une manière parallèle aux portes. Pour forcer les abeilles à travailler ainsi, il suffit de placer un gâteau dans le sens des divisions. Ordinairement les abeilles prolongent ce gâteau et continuent leur travail dans le sens qu'on leur a indiqué. Il faut que le rayon soit fixé solidement, pour qu'il ne tombe pas quand les abeilles s'y suspendent. A cette fin, on le place entre deux baguettes qu'on enfonce dans le rouleau de paille et qui le soutiennent par le moyen de deux crochets. Avec du fil de fer, il est facile d'assujettir ce rayon fortement. Lorsqu'on peut donner à un essaim une division où les rayons sont bien dirigés, on n'est pas obligé de placer un rayon régulateur.

7° Lorsqu'une ruche contient de beau miel, on peut s'en emparer; mais il faut rendre aux abeilles en miel inférieur tout ce qui est nécessaire pour leur entretien. Si cette opération est faite avec prudence, elle peut évidemment procurer du bénéfice.

8° Si l'on voulait détruire les faux bourdons avant que les abeilles ouvrières s'occupent de les massacrer, on pourrait employer le moyen suivant. Les mâles sortent tous les jours de soleil entre midi et trois heures; pour s'en emparer, on rétrécit l'entrée de la ruche de manière à ce qu'ils ne puissent plus y rentrer. Pour cela, on place à l'entrée de la ruche une petite planchette qui repose à ses deux bouts sur un peu de terre grasse. On appuie sur cette planchette jusqu'à ce que les bourdons ne puissent plus pénétrer dans la ruche, mais seulement les abeilles ouvrières. Le soir on trouve les bourdons groupés en grande quantité devant la ruche; on les fait tomber dans un vase, et on les détruit.

9° Enfin, mes amis, voici un petit cantique sur

les abeilles qui plaira à vos enfants (1). Un jour vous me les amènerez, et je leur apprendrai à le chanter. Il ne faut rien négliger de ce qui peut leur donner du goût pour les abeilles, ni de ce qui peut élever leur esprit et leur cœur vers Dieu à la vue des beautés de la nature.

DIEU BÉNI DANS LES ABEILLES.

AIR : *Au clair de la lune... O céleste flamme.*

Petites abeilles,
Vous me ravissez.
Oh! que de merveilles
Vous réunissez!
Dans la petitesse,
Votre agilité
Est jointe à l'adresse,
A l'utilité.

Vos légères ailes
Sont votre soutien;
Vous cherchez par elles
Tout votre entretien.
Agile cohorte,
Dans les airs allez ;
C'est Dieu qui vous porte
Lorsque vous volez.

---

(1) Tiré du cantique des veillées du diocèse de Belley.

Jamais fainéantes
Pendant la saison,
Toujours voltigeantes
Pour votre moisson,
Sans train, sans machine
Et sans attirail,
Une main divine
Vous met au travail.

Etat pacifique,
Ton gouvernement
De la politique
Fait l'étonnement.
Certaines résident,
Veillent au-dedans,
Et d'autres président
A l'œuvre des champs.

Tout se fait dans l'ordre,
Sans confusion;
Jamais de désordre
Dans votre maison.
Chacune s'accorde,
La paix est chez vous :
La triste discorde
N'est que parmi nous.

La reine fredonne,
Et vous l'écoutez;
Sitôt qu'elle ordonne,
Vous exécutez.
Ah! fais-je de même?
Suis-je obéissant
A la loi suprême
Du Roi tout puissant!

Vos travaux, vos veilles
Ne sont pas pour vous ;
Aimables abeilles,
Ils servent pour nous.
Sages ouvrières,
Un Dieu par vos soins,
En mille manières,
Veille à nos besoins.

Vous prenez l'essence
D'une belle fleur,
Et par la puissance
Du divin Auteur,
Vous savez réduire,
Selon votre instinct,
En doux miel, en cire,
Tout votre butin.

La ruche s'échappe ;
Le son de l'airain,
Aussitôt qu'on frappe,
Rappelle l'essaim.
La grâce rappelle
Mon cœur tous les jours ;
Mais je suis rebelle,
Et je fuis toujours.

ENTRETIEN VINGT-SIXIÈME.

Leçons que nous donnent les abeilles. — Quelques bons conseils aux habitants des campagnes.

M. LE CURÉ. — Avant de terminer nos entretiens, mes bons amis, faisons quelques réflexions pleines de sagesse sur les leçons que les abeilles donnent aux hommes. Salomon, dans le livre des *Proverbes*, s'adressant à l'homme paresseux et imprévoyant, lui dit : « Va vers la fourmi, ô paresseux, considère ses voies et deviens sage. Elle n'a ni chef, ni précepteur, ni prince qui la conduise. Elle fait cependant sa provision durant l'été, et elle amasse, dans le temps de la moisson, de quoi se nourrir durant l'hiver. En voyant cet exemple, je te le demande, ô paresseux, jusqu'à quand dormiras-tu ? Quand sortiras-tu de ton sommeil ? Encore un peu de repos, me dis-tu, encore un peu de sommeil ; et, mollement étendu, tu laisses encore tomber tes bras sur ton sein. Mais voilà que la pauvreté s'avance vers toi comme un homme qui s'avance à grands pas, et la misère va s'emparer de toi comme un ravisseur auquel on ne peut résister. Si, au contraire, tu n'es point paresseux, si tu es diligent, ta maison ressemblera à une fontaine abondante, et l'indigence fuira loin de toi (1). » Pourvu, ajoutent les commentateurs des livres saints, que l'homme joigne la piété au travail, afin d'attirer sur ses efforts les bénédictions du ciel. De même, mes amis, une ruche est une école où il faudrait envoyer bien des gens pour y apprendre les vertus sur lesquelles repose le bonheur de la famille et de la société.

François. — Quelles sont donc, monsieur le curé, les vertus dont les abeilles nous donnent l'exemple?

M. le Curé. — Elles nous enseignent l'amour du travail, l'économie, la propreté, la tempérance : elles vivent dans l'ordre le plus parfait et la soumission la plus entière. L'amour de ses semblables, le dévouement pour la famille est le principe de leur prodigieuse activité. Un même esprit les anime : elles ne se laissent point diriger par des intérêts particuliers. L'affection qu'elles ont pour leur mère, qui est aussi leur reine, n'a pas d'égale. Quelle union, quelle admirable harmonie règnent entre les sujets de ce petit peuple!

André. — Ah! monsieur le curé, la paix et le bonheur seraient le partage des familles et de la société tout entière si toutes les vertus que vous venez d'énumérer y étaient bien pratiquées.

(1) Prov., vi, 6-11.

M. le Curé. — Il ne faut pas en douter, mon cher André; mais, hélas! plus nous avançons dans la vie, plus nous avons lieu de nous convaincre que l'orgueil, l'égoïsme et toutes les passions aveuglent les hommes sur leurs vrais intérêts. Les bons principes qui doivent éclairer et diriger l'homme ici-bas pour le faire arriver à sa fin dernière qui est le ciel, ces bons principes, dis-je, sont aujourd'hui combattus avec fureur par des hommes pervers et ignorants; poussés par l'esprit de mensonge, par l'ennemi de Dieu et des hommes, par Satan, ils s'efforcent de répandre leurs erreurs et leurs doctrines empoisonnées jusque dans l'esprit et le cœur des bons habitants des campagnes. Oh! je ne crains pas de leur dire : Retirez-vous, méchants; restez dans vos villes, dans ces centres de corruption. Pourquoi venir troubler le repos et la douce joie de nos paisibles chaumières? Pourquoi venir apprendre à cet enfant à ne plus obéir à son père, et pourquoi venir apprendre à ce père à ne plus obéir à son Dieu?

Il est temps, sages habitants des campagnes, que vous sachiez vous apprécier, vous estimer; il est temps que vous compreniez que vous valez plus que tous ceux qui travaillent à vous pervertir, à vous enlever ce bel héritage que vous avez reçu de Dieu et de vos pères, votre foi et vos sentiments religieux. Oui, vous valez plus que ces prétendus savants que vous êtes tentés d'admirer; vous valez plus que ces misérables rêveurs qui savent un peu mieux parler que vous, mais qui certainement n'ont pas des pensées aussi saines que les vôtres. Vous valez plus qu'eux, parce que vous avez un esprit plus droit, un cœur plus pur et des mœurs plus honnêtes. Ne vous abaissez donc pas à prêter l'oreille à leurs discours corrupteurs, à écouter leurs conseils pervers et à suivre leurs mauvais exemples. Restez, restez bien ce que vous êtes, et si vous avez failli, redevenez ce que vous étiez. Aimez la vie simple et laborieuse, aimez vos champs et vos abeilles, aimez votre famille, aimez vos frères, aimez Dieu par-dessus tout, et vous avez trouvé le vrai bonheur.

François. — Oh! monsieur le curé, que vous dites donc vrai! J'ai connu beaucoup de paysans qui sont sortis de leur condition, qui ont voulu chercher la fortune en allant dans les grandes villes (1). Qu'ont-ils trouvé? La misère dans tous les

(1) Un bon conseil est toujours utile ; c'est pour cela que j'aime à citer celui d'un excellent moraliste à propos de coquillages : « Je reviens, messieurs, pour finir, aux mollusques, principal objet de ce discours; et, comme font les enfants, appliquant à mon oreille un de mes coquillages, à travers ce bruissement confus que vous connaissez, je saisis distinctement un conseil de bonne morale dont je dois vous faire part. Ce conseil, le voici en quatre mots : *A chacun sa coquille, et non pas une autre*. Réfléchissez-y, et vous verrez que ce conseil a plus de portée qu'il n'en a l'air. A chacun de ces innombrables mollusques, marins, lacustres, fluviatiles ou terrestres, dont nous avons essayé de vous esquisser l'histoire, la Providence a donné une coquille qui, en rapport avec sa taille, suffit à ses besoins. Tous sont contents de leur

genres : misère de l'esprit, misère du cœur, misère du corps. Ils ont perdu tous les bons principes qu'ils avaient emportés en quittant leur village; il ne leur reste plus même une ombre de religion; ils sont imbus de tous les vices, accablés de dettes, et plusieurs sont même des hommes dangereux pour la société. Que peuvent-ils devenir ? Ce que sont de-

lot : le casque ne porte point envie à la volute, ni le cône à la turritelle; nul, en un mot, n'ambitionne la propriété de son voisin, et c'est ainsi que chez les mollusques (j'aime à le croire du moins) tout est pour le mieux dans le meilleur des mondes possibles. Eh bien ! à nous aussi, messieurs, à chacun de nous la Providence a fait une coquille à notre taille, c'est-à-dire une vocation. Vivre et mourir en cette coquille, conformément à cette vocation, c'est pour nous la première condition du bonheur, c'est pour la société la principale garantie du bon ordre. Mais, moins sages, hélas ! que nos mollusques, nous nous trouvons d'ordinaire à l'étroit dans la coquille providentielle; nous en ambitionnons toujours une plus grande, et trop souvent il arrive que, notre insuffisance ne pouvant en remplir la capacité, nous nous repentons, mais trop tard, du choix téméraire que nous avons fait. L'infidélité aux vocations, voilà ce qui fait le malheur de tant d'existences déclassées; l'inintelligente permutation des coquilles, voilà ce qui de nos jours porte une si profonde atteinte à l'économie de la société, ce qui jette tant de perturbation dans le jeu des fonctions sociales. Messieurs, autant qu'il est en nous, par nos exemples et par nos conseils, pour notre bonheur comme pour celui de nos frères, pratiquons et mettons en honneur cette maxime, que j'ai trouvée, sans la chercher, dans le creux d'un casque de mer : *A chacun sa coquille, et non pas une autre.* »

(*La Morale dans l'histoire naturelle*, par Boulongne.)

venus tous ceux qui avant eux ont suivi la même route. Mon vertueux père m'a souvent raconté la triste fin des incrédules et des révolutionnaires qui, de son temps, avaient pillé et saccagé nos églises.

M. le Curé. — Il nous est bien permis, mes chers amis, de donner ce soir un libre cours à nos réflexions, puisque nous sommes arrivés à notre dernier entretien. D'ailleurs nous ne nous écartons pas de notre sujet, car c'est bien prendre les intérêts des abeilles que de dire aux habitants des campagnes de demeurer, de se plaire, de chercher leur bonheur dans la position que la divine Providence leur a faite. Peut-on aimer les abeilles quand on est dégoûté de la vie des champs? Aujourd'hui le laboureur reçoit un peu plus d'instruction qu'autrefois; souvent il sait lire, écrire et même tenir en règle son livre de comptes. Je me réjouis de ce progrès ; mais si ce peu d'instruction n'a pour résultat que de lui faire mépriser la culture de ses terres et ambitionner un autre état de vie, si cette instruction ne fait que le jeter dans des illusions funestes, si l'avantage de savoir lire ne lui sert qu'à puiser dans de misérables journaux ou des livres impies le poison des mauvaises doctrines, si cette instruction enfin ne le mène qu'à l'orgueil et à l'oubli de tous les devoirs religieux, avouons-le, mes bons amis, cette instruction n'est-elle pas pour lui un triste et malheureux bienfait?

Dernièrement je causais avec un vénérable prêtre qui venait d'évangéliser une de ces paroisses de campagne, heureusement fort rares, où les pratiques religieuses sont entièrement abandonnées, et je lui dis : « Que font donc ces pauvres gens ? » Il me répondit : « Depuis qu'ils ne sont plus les serviteurs de Dieu, il sont devenus les serviteurs de leurs bœufs et de leurs chevaux. Jugez du reste. On ne peut se faire une idée de l'état de dégradation où descend l'homme qui n'a point de religion. — Nous voyons, lui répondis-je, se réaliser ces paroles d'un prophète écrites depuis tant de siècles : « L'homme comblé d'honneur au sein de la création ne l'a point compris ; il s'est comparé aux animaux privés de raison, et il est devenu semblable à eux (1). »

O chers habitants des campagnes, vous que j'estime et que j'aime d'une manière toute particulière, prenez garde de tomber dans un pareil abrutissement. Quoi ! l'homme n'aurait pas d'autre destinée que celle des animaux ! il n'aurait rien à espérer après le trépas ! Mais alors le bœuf qui marche devant vous en traçant votre sillon est plus heureux que vous ; il a moins de peine et moins d'inquiétude. Les oiseaux qui chantent dans le feuillage pendant que la sueur ruisselle sur votre front, le chantre des nuits qui réjouit votre ferme dès l'aube du jour pendant que vous vous acheminez vers votre pénible travail, l'aigle qui plane dans les airs au-dessus de votre tête, l'abeille qui butine sur les fleurs autour de vous, et ces innombrables insectes qui font enten-

(1) Ps. XLVIII, 21.

dre un cantique de joie et d'allégresse ne semblent-ils pas vous dire : O homme courbé vers la terre, nous sommes plus heureux que toi ?

André. — Ce langage serait la vérité même si l'homme n'était pas immortel. Quoiqu'il soit le roi de cet univers, son partage ici-bas serait bien plus triste que celui des animaux, si l'espoir d'une vie meilleure ne reposait point au fond de son âme. Fuyez donc loin de nos campagnes, hommes matériels et dépravés ! Laissez-nous notre Dieu dont nous parlent toutes les créatures. Laissez-nous notre Père céleste ; nous ne voulons pas être orphelins. Insensés ! vous voulez nous ôter la vraie lumière ; vous voulez que nous ne croyions plus à Dieu qui étale à nos yeux tant de merveilles ; vous voulez que nous ne comprenions plus ni le beau langage de la nature, ni la voix éloquente de la voûte des cieux. Non, non, nous voulons conserver notre foi, nos pratiques religieuses, l'espérance du ciel qui nous fortifie et adoucit toutes nos peines. Nous savons que nous sommes à la journée du Père de famille, et qu'au dernier soir de la vie nous irons recevoir notre salaire, qui sera un bonheur sans fin si nous avons été des serviteurs fidèles.

M. le Curé. — Les beaux sentiments qui remplissent vos cœurs me procurent, mes chers amis, une joie bien douce. Ah ! que ne sont-ils partagés par tous nos bons habitants des campagnes ! Je vais vous citer un de ces exemples entre mille qui prouve combien la religion agrandit les âmes, élève les pensées et remplit les cœurs des sentiments les plus magnanimes. Pendant le siége de Sébastopol, le capitaine du génie A. de la Boissière, en gravissant, sous le feu de l'ennemi, un des parapets du Mamelon-Vert, reçut à la jambe une blessure grave qui rendit l'amputation nécessaire. Quelque temps après ses parents recevaient, avec la nouvelle de sa mort, un paquet où se trouvait la lettre suivante, qu'il avait écrite dans la prévision des dangers qu'il allait courir. Voici ce monument de foi, d'énergie et de piété filiale :

« J'écris ces quelques lignes pour vous, mes bons parents, afin qu'elles vous soient envoyées dans le cas où la guerre viendrait à m'enlever à votre affection.

« Je vous les adresse à tous les deux : à toi, ma pauvre mère ; à toi, mon père bien-aimé. Mon cœur saigne pour vous en songeant qu'un jour peut-être vous lirez ces lignes.

« Tous les souvenirs de mon enfance, de mes parents, de mon pays s'offrent à ma mémoire, et je verse des larmes... sur votre douleur.

« Mais pourquoi tant s'attrister ? N'y a-t-il pas pour tous les hommes une consolation contre toutes les douleurs ? Cette consolation, grâces vous en soient rendues, mes bons parents, je la possède. Permettez-moi de vous la rappeler. Je n'ai pas oublié les préceptes divins de la religion chrétienne, et si je meurs, je mourrai en remerciant Dieu et la France d'être né chrétien et Français.

« Prenez donc les choses d'un point de vue un peu élevé. Le corps de votre fils qui restera en Crimée avec tant d'autres victimes de la guerre, ce corps n'est qu'une bien petite partie de son être. Il est aussi bien dans cette Crimée que dans le cimetière de B... Mon âme vivra, et un jour, dans un temps qui n'est pas éloigné, elle retrouvera les vôtres dans le séjour des bienheureux. Ce que je dis là est vrai... est certain... j'en ai la conviction la plus absolue.

« Négligeons donc cette dépouille mortelle, qui n'est qu'un point dans l'immensité, qui n'est rien. Ne pleurons pas trop... Quelques jours de plus ou de moins dans la vie, que sont-ils dans l'éternité? Moins qu'une goutte d'eau dans l'Océan.

« Cette vie, je la sacrifie volontiers à mon pays, à la cause de l'humanité et de la civilisation. J'ai vingt-cinq ans. J'ai vécu plus de la moitié de ce que vivent la plupart de ceux qui fournissent une carrière complète. Faut-il donc se désoler pour vingt-cinq ans d'une existence dans laquelle j'aurais eu certainement... sans aucun doute... plus de chagrins que de plaisirs? Faut-il regretter vingt-cinq ans de misères, quand la mort me donne une éternité heureuse? J'ose espérer, car j'ai toujours été honnête homme et chrétien. Ah! qu'elle est belle cette philosophie chrétienne qui nous donne de si hauts enseignements! Qu'elle est belle cette religion qui nous donne tant de force pour suivre la ligne immuable du devoir!

« J'ose donc espérer que vous trouverez dans ces lignes un puissant moyen de consolation et que vous direz avec une conviction profonde : Nous avons perdu notre fils... que la volonté de Dieu soit faite ; mais il est mort pour son pays, il est mort en faisant son devoir, mort en chrétien... c'est-à-dire son corps seul a péri, et nous le reverrons avant peu dans le séjour des bienheureux.

« La matière périt tôt ou tard ; la fortune, les positions brillantes, la gloire, les succès, tout cela disparaît en bien peu de jours. L'âme seule subsiste... et l'âme de l'homme chrétien subsiste heureuse.

« Vous n'avez pas besoin de souvenirs de moi, car je serai toujours présent à votre esprit. Je vous en enverrai très-peu : vous recevrez mes épaulettes et mes armes ; le reste sera vendu, et le montant vous en sera envoyé.

« Si je regrette la vie, c'est pour vous, mes bons parents, pour ceux qui m'ont élevé et qui m'aiment ; mais tous sont à même de comprendre cette lettre posthume et les consolations que je leur donne.

« Au revoir donc, ô père vénéré, toi qui es devenu le modèle des vertus civiles après avoir été le modèle des vertus militaires !

« Au revoir donc, ô ma mère chérie ! Puissent ces quelques mots consoler un peu ton cœur de mère et de chrétienne !

« Adrien P. de la B. »

« *P. S.* — Je relis ces pages, n'ayant pas voulu cacheter cette lettre sans la relire ; elles sont la traduction exacte de ma pensée. Adieu, mes parents, ou plutôt au revoir. Adieu, mon père et ma mère, et tous ceux qui m'aiment. Je ne les cite pas nominativement ; j'aurais peur, si j'oubliais quelqu'un, de faire croire à l'ingratitude.

« J'ai toujours regretté pour vous d'être fils unique. »

François. — Oh ! que cette lettre est attendrissante ! Comme la religion inspire des sentiments généreux et sublimes ! Ce ne sont pas les incrédules qui peuvent penser et parler ainsi.

M. le Curé. — Et comment le pourraient-ils ? S'ils regardent derrière eux, ils ne voient qu'une vie criminelle ; s'ils regardent devant eux, ils n'aperçoivent qu'une tombe vide d'espérance ; et s'ils plongent enfin leur regard dans l'éternité, ils ont beau se faire illusion, ils ne pourront jamais se convaincre qu'ils ne vont pas tomber entre les mains d'un Juge inexorable qu'ils ont méconnu et outragé.

Mais je m'aperçois que nous nous sommes un peu éloignés de nos abeilles ; revenons-y, et, en terminant le cours de nos entretiens, que je vous cite encore sur leur industrie les réflexions de Cousin-Despréaux, qui a puisé dans le grand livre de la nature de si sages leçons pour élever l'esprit de l'homme vers Dieu et former son cœur à l'amour du bien, à l'amour de la vertu.

« La vue d'une ruche, dit-il, n'est pas seulement propre à intéresser l'esprit, elle est également intéressante pour le cœur ; et cette douce harmonie qui règne entre toutes les abeilles qui l'habitent touche sensiblement l'homme assez heureusement né pour bien sentir le prix de l'union. Tous les ouvrages sont partagés entre ses membres qui ne forment qu'une même famille. Ici, point d'intérêt personnel, point de rapine, point de violence.

« Viens donc, ô homme, apprendre d'un insecte les vertus dont dépendent le repos et le bonheur, le travail, le désintéressement et l'union des cœurs.

« De toutes les sociétés formées par les insectes, il n'en est point de plus intéressante que celle des abeilles. L'aspect d'une ruche est un des plus agréables spectacles que puisse se procurer l'amateur de la nature. On ne se lasse point de contempler ce laboratoire où des milliers d'ouvrières s'occupent avec la plus constante activité. La surprise ne fait qu'augmenter quand on voit l'ordre, la régularité de leurs travaux, et ces magasins abondants pourvus de tout ce qui est nécessaire à la subsistance de la société.

« Mais ce qui est surtout digne de toute notre attention, c'est la soumission de ce petit peuple à une seule mouche qui dirige tout, sa vive affection, ses soins empressés pour cette mère tendre qui est toute l'espérance de la colonie. »

L'auteur, passant à des considérations plus élevées, continue ainsi : « L'activité de ces petites créatures est admirable; elle peut exciter notre admiration et nous servir de modèle. Doués d'une âme inestimable et d'une durée sans fin, avec quelle application devons-nous travailler à la rendre heureuse, et à éviter tout ce qui pourrait la conduire à sa perte! Le fruit de nos travaux ne s'étend pas à un petit nombre de jours ou d'années; une éternité tout entière doit être notre récompense. Le miel que l'abeille rassemble est pour l'homme et non pour elle; et nous, en nous attachant à la sagesse, nous travaillons pour nous-mêmes et recueillons des fruits abondants pour l'immortalité. Acquittons-nous donc avec zèle des devoirs de notre vocation, remplissons la tâche qui nous est imposée, et agissons tandis qu'il est jour, car la nuit vient où personne ne peut rien opérer. Que chacun de nous fasse paraître jusqu'à la fin le même zèle, afin que notre espérance soit remplie. Ne soyons point lents et paresseux, mais rendons-nous les imitateurs de ceux qui, par leur foi et leur patience, sont devenus les héritiers des promesses (1).

« Souvenons-nous que bientôt les forces nous abandonneront, que l'hiver de la vieillesse approche, et que la mort enfin décidera irrévocablement de notre sort.

« O homme, ne crains point d'aller à l'école de l'abeille, considère cette sage ouvrière et contemple ses travaux. Admire son activité et l'industrie avec laquelle sa patience sait tirer parti de tout. Toujours occupée, toujours infatigable, soir et matin elle travaille, elle supporte avec courage les peines

(1) Hébr., VI, 12.

de sa courte vie. Et tu voudrais languir dans l'indolence et dans l'oisiveté, ou consumer tes jours dans des plaisirs frivoles ! Ah ! plutôt applique-toi à être plus laborieux encore que cette abeille qui n'a pas reçu comme toi le présent inestimable de la raison. Ta vie est courte : qu'elle soit consacrée tout entière à la gloire de ton Dieu, au bien de tes semblables, à ton propre salut. Le temps que le Créateur t'a donné ne doit point être perdu dans l'inaction et la mollesse. Tu as reçu de sa main libérale la vie, l'intelligence et les forces ; sanctifie-les par l'amour du travail, et que tes jeunes ans, ton âge viril et ta vieillesse soient consacrés au service de ton souverain Maître. »

Adieu, mes bons amis, profitez bien de mes conseils ; ne vous rebutez pas lorsque vous rencontrerez des difficultés : avec le souvenir de mes leçons et de la persévérance, vous réussirez infailliblement. Soyez toujours remplis de zèle pour cultiver et améliorer vos champs ; faites fructifier de plus en plus le champ de votre âme, enrichissez-la de ces bonnes œuvres qui sont immortelles, et vous aurez trouvé le vrai bonheur ici-bas, avec l'assurance d'une mort paisible et la douce espérance de jouir d'un bonheur sans fin dans l'éternelle patrie.

FIN.

Lyon. — Imprimerie de GIRARD et JOSSERAND, rue Saint-Dominique, 13.

TABLE.

FIN DE LA TABLE.

I

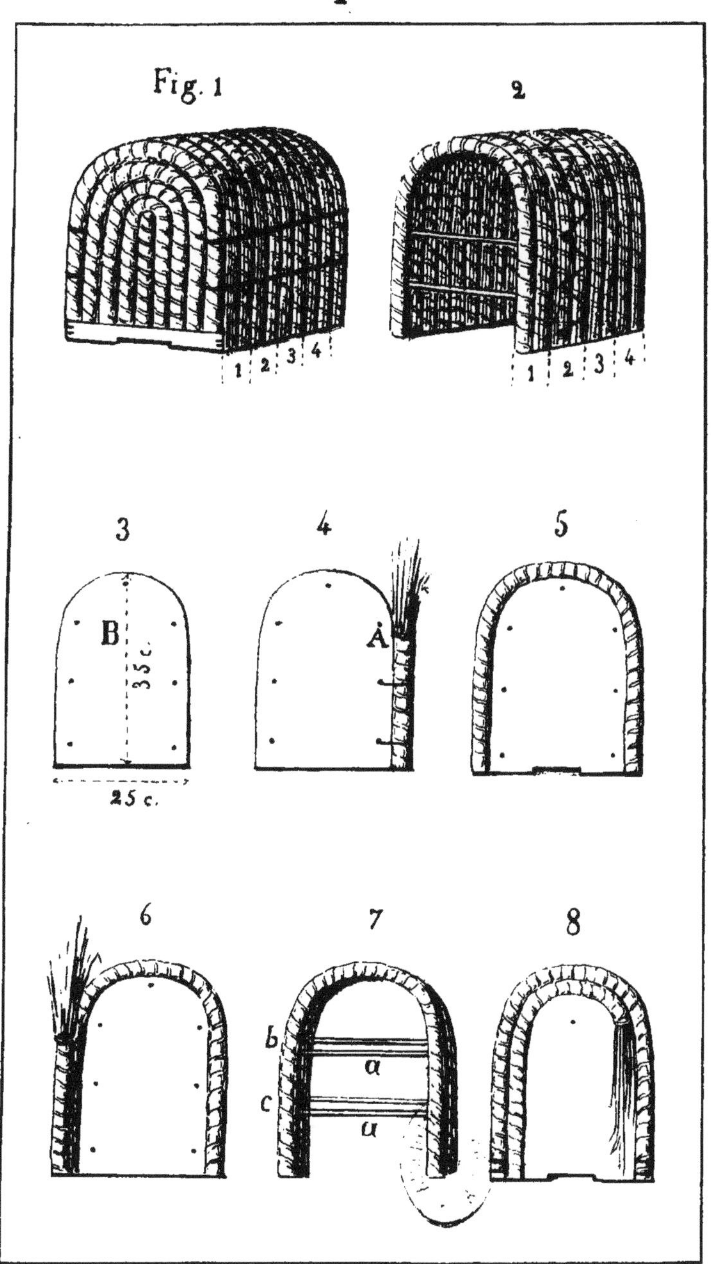

II

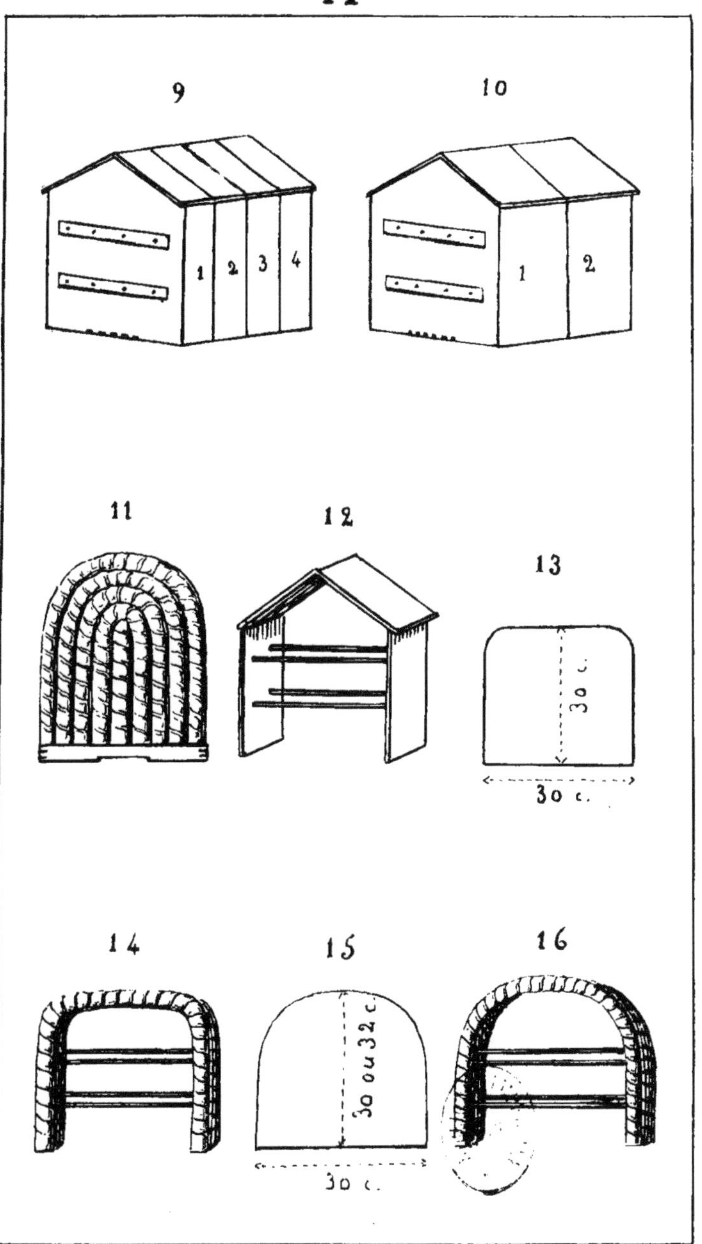

Imp. C. Bonnaviat r. S. [illegible] 15 Lyon

III

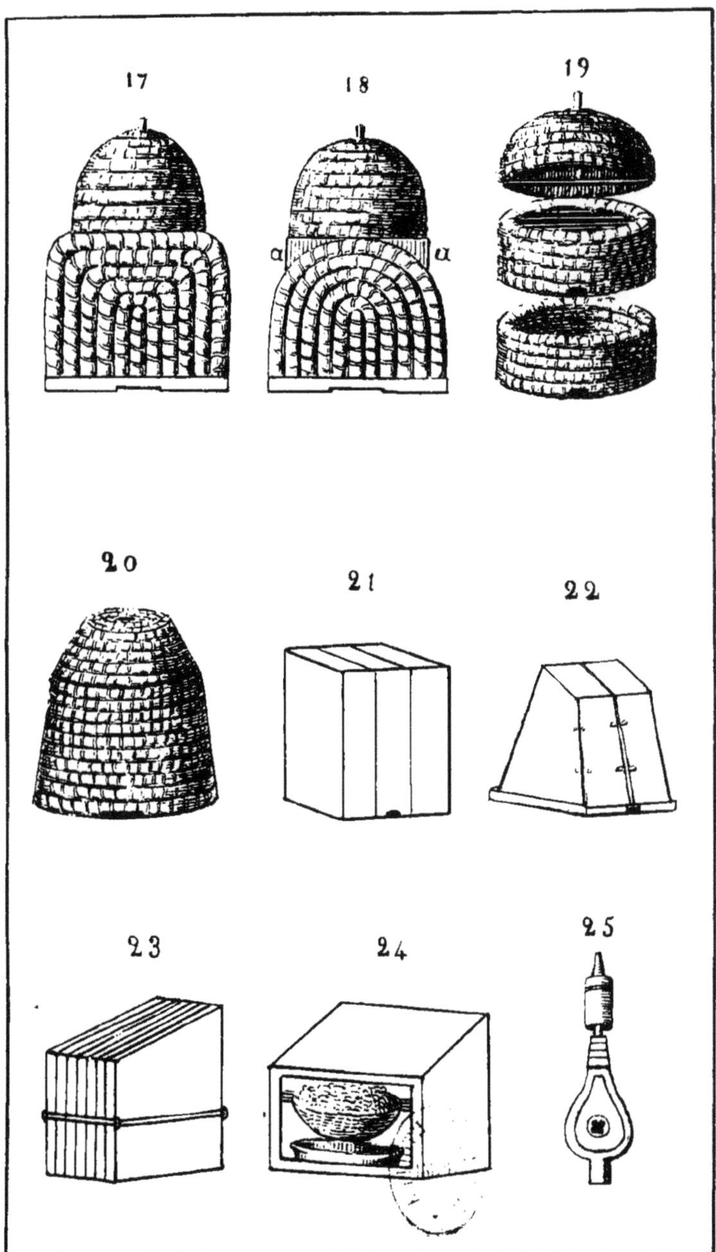

Imp. [illegible], à Lyon

IV

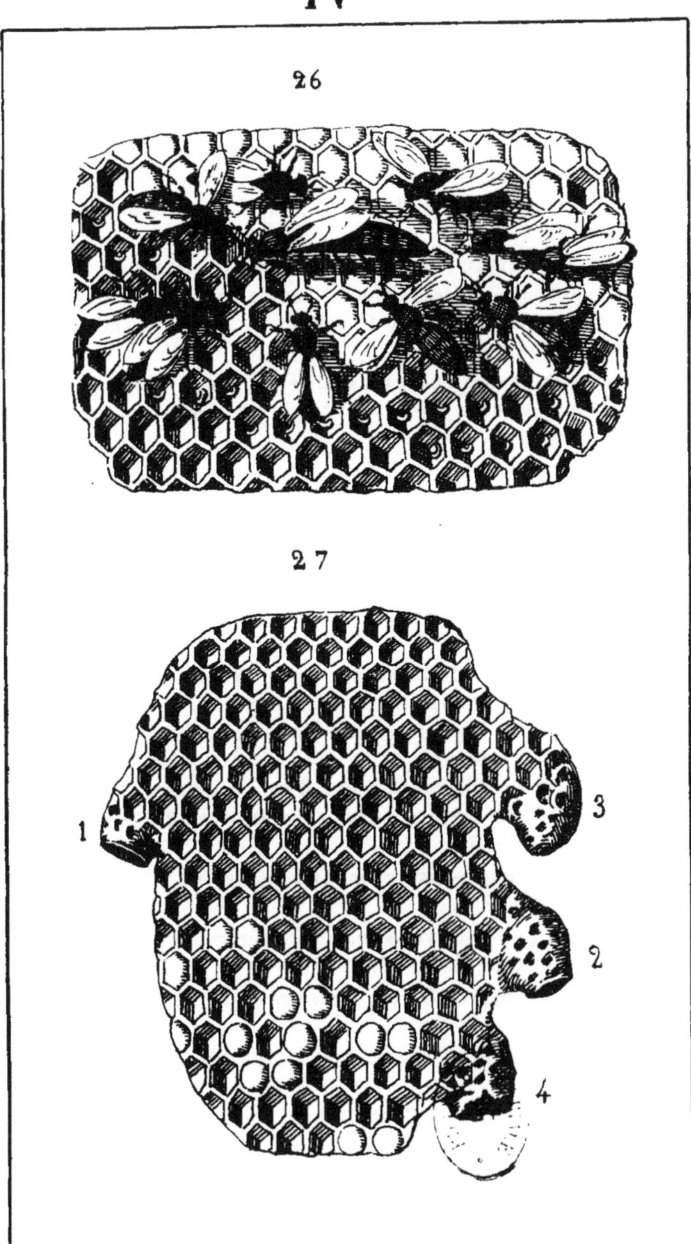

Imp. C. Bonnaviat. à Lyon.

A LA MÊME LIBRAIRIE :

Etude des fleurs. Botanique élémentaire, descriptive et usuelle, simplifiée pour la jeunesse et les familles. 3me édition entièrement revue et augmentée par l'abbé Cariot. 3 vol. in-12 avec 13 planches contenant 150 figures. 14 fr.

Guide du botaniste à la Grande-Chartreuse et à Chalais, ainsi que dans les localités voisines et sur les montagnes environnantes; par le même auteur. 1 vol. in-12 orné d'une carte indicative des stations, chemins et sentiers. 1 fr. 50 c.

Botanique morale et religieuse, mise à la portée de tous les âges et de toutes les intelligences; par une religieuse du Saint-Sacrement d'Autun. 1 vol. in-12 cart. 2 fr. 50 c.

De l'Hydrogéologie, ou Action et Mouvement des eaux dans l'intérieur des terres; origine et découverte des sources, inondations, sécheresses, excavations, engloutissements, etc.; application des principes hydrogéologiques à l'agriculture et au drainage; par M. l'abbé Jacquet. 1 vol. in-12. 2 fr. 50 c.

Petit Traité de médecine raisonnée ; par M. l'abbé Larue. 1 vol. in-12. 2 fr.

Les Fabulistes instituteurs, choix religieux, moral et littéraire de 250 fables empruntées à plus de soixante poëtes, et classées en quatre livres qui correspondent aux défauts des principaux âges de la vie; par Mme Woillez. 1 vol. in-12. 2 fr.

Le même ouvrage, édition classique. 1 vol. in-18 cart. 75 c.

Crimes et Délits de l'Angleterre contre la France; par C. Chatelet. 1 vol. in-8. 5 fr.

Histoire de cinq ans de république, de 1848 à 1852; par M. l'abbé B. 1 vol. in-8. 3 fr.

Causeries du père Silvestre, ou Encouragements et Conseils aux habitants des campagnes. 1 vol. in-12. 2 fr.

Notes d'un pèlerin de Lyon à Jérusalem; par M. A. Bonjour. 1 vol. in-12. 1 fr. 50 c.

Sérapia, épisode du IIe siècle; par M. l'abbé France. 1 volume in-12. 2 fr.

Soirées au village, ou Conseils de M. David aux habitants de la campagne. 1 vol. in-12. 2 fr.

De la Vie de famille et des moyens d'y revenir; par Mme de Marcey, avec les approbations de plusieurs évêques. 1 beau vol. in-12. 3 fr. 50 c.

Réponses populaires aux objections les plus répandues contre la religion; par le R. P. Franco. Traduction faite avec l'autorisation de l'auteur par l'abbé Nambride de Nigri. 2 beaux vol. in-12. 6 fr.

www.ingramcontent.com/pod-product-compliance
Ingram Content Group UK Ltd.
Pitfield, Milton Keynes, MK11 3LW, UK
UKHW021133260726
13994UKWH00001B/119